世界
科普经典

身边万物

〔苏〕米·伊林 著

王学源 译

春风文艺出版社

·沈 阳·

图书在版编目（CIP）数据

身边万物 / （苏）米·伊林著；王学源译 . —沈阳：
春风文艺出版社，2024.1
（世界科普经典）
ISBN 978 - 7 - 5313 - 6570 - 9

Ⅰ. ①身… Ⅱ. ①米… ②王… Ⅲ. ①科学知识 — 青
少年读物 Ⅳ. ① Z228.2

中国国家版本馆CIP数据核字（2023）第217106号

春风文艺出版社出版发行
沈阳市和平区十一纬路25号　邮编：110003
辽宁新华印务有限公司印刷

责任编辑：邓　楠　韩　喆		责任校对：于文慧	
封面绘图：赵　茜		幅面尺寸：145mm × 210mm	
字　　数：167千字		印　　张：10	
版　　次：2024年1月第1版		印　　次：2024年1月第1次	
书　　号：ISBN 978-7-5313-6570-9			
定　　价：35.00元			

从莫斯科到中国

　　在我的工作室的书架上，摆着一些象形字的书籍。我不认识这些象形字，我也不懂这些书的语文。可是，我却爱翻阅这些书。我高兴：在中国，在我和我的所有同胞都极敬爱的那个伟大的国家里，人们阅读着我为苏联儿童所写的书。

　　在我所著作的书里，叙述着各种各样的东西：叙述着钟表和瓷茶杯，叙述着电灯和显微镜，叙述着古代的抄本和印刷机，叙述着原始时代猎人的工具和极复杂的现代机器。

　　我无论写什么东西，所描述的英雄们，永远是劳动的人——那种靠自己的创造性的思想和巧妙的双手，创造了钟表，创造了瓷器，创造了纸，创造了书，创造了显微镜，创造了机器的人。

　　劳动使人们永远互相联结着：没有一件东西是只由

1

一个人创造的。东西的流传，是从这一工匠到另一工匠，从这一代到另一代，从这一民族到另一民族。所以，某一些人所创始的，是由另一些人来继续着的。

可是，在以前的时期，共同劳动就从来没有过像我们这个时代那样地使各民族相联结着。难道说，现在在伏尔加河建设水电站的苏联人民和在淮河建设堤坝的中国人民所做的不是一件事情吗？

他们有一个目的：改造和美化大地，为了使人们在它的上面能很好地生活着。苏联和中国的每一个工人，每一个农民，每一个学者，每一个学生，都同样地了解这个目的。

我的中国读者和我说着不同的语言，而俄罗斯文字和中国文字也不相同。但我们彼此是互相了解的，因为我们有一个共同的信仰——信仰伟大的劳动力量。

我们知道：在人民成了自己的土地的主人，自己的山岭和平原的主人，自己的江河和湖沼的主人，自己的矿物和矿藏的主人的那些地方，一切自然力都属于人民，并驯服地执行着人民的意志。当我写书的时候，从来没有离开过这种思想。所以我认为：正是这种原因，给我的书籍开辟了从莫斯科到中国的道路。

伊 林

目 录

这本书讲的是什么

这本书讲的都是你周围的那些东西。

它们里面有许多是你的老朋友，像：练习簿和铅笔，茶杯和小刀，衬衣和皮靴，锯和锤子，钟表和电灯，你居住的房屋，以及沿着屋旁的街道奔驰的汽车。

你跟它们相识许久了，但是对它们的了解究竟还不算多。

假如有人告诉你，说练习簿是生长在树林里的，衬衣是生长在田地里的，你的套鞋①是用锯末制成的，衣服上的纽扣是用凝乳制成的，脆薄的茶杯和沉重的砖瓦是接近的亲戚，冰雹会说明高空正在刮什么风，而不倒翁

---

① 原指套在鞋外面防雨的胶鞋，后泛指防雨胶鞋。

会解释船舶为什么不会倾覆，那就一定会使你感到奇怪。

瞧！你对你的老朋友原来是这样生疏啊！

为了想使你了解它们，我们才写成这本书。

我们希望，当你一拿起面包来的时候，就知道谷物是怎样变成面粉，而面粉又是怎样做成面包的。我们希望，当你拧开自来水龙头的时候，就懂得水是用什么办法引到你的房间里来的。

你要在这本书里读到那些就近的事物，也要读到那些远地的事物。我们要跟你一同搭上轮船，沿着那很大的水的阶梯①，穿越那已经不是沙漠的沙漠地带，做一次旅行。

我们要跟你一块儿到集体农庄去，也要到城市里去。

我们沿着那生长着从来没有见过果实的奇异的果园散步。在我们面前，好像经过魔杖的指点，在那光秃秃的草原上，出现了一列列很大的橡树。

你问，这些奇迹都是谁创造出来的？那么，我们现在就来讲一讲那些勇士们，他们看来跟普通人没有什么两样，却有移山倒海的力量。

---

① 水的阶梯指运河上的水闸。——译者注

我们不再反复不休地谈论这本书了，莫如你自己去读它吧！只是要向你预先说明一句，我们不能够把想说的一切都说过来。我们解答的，也只是你提出来的问题当中不多的几个。那些在本书里没有谈到的东西，就只得想法等以后再谈了。

一 学生的书包

铅笔的历史

当你还幼小的时候，就时常悄悄地把你哥哥的书包翻开来瞧。

你从那里边抽出识字课本来看上面的图画。

特别引你喜爱的是那个没有窗子的小木屋。在这个小屋上，应该有门的地方没有门：门并不装在墙壁上，却装在屋顶上。你常常要费很大的力气才打开它。

在这个小屋里有

哥哥的文具盒

两间房间：一间是狭长形的，另外一间很小，却很阔。

在狭长的房间里住着两个朋友——一支"少年先锋队"牌铅笔和一支浅蓝色钢笔杆，上面插着光亮的笔尖。在那小房间里住着铅笔的助手——橡皮。它特别爱清洁，但是因为这个缘故自己总弄得很脏。每当铅笔犯了错误，它的助手橡皮就牺牲自己的清洁，马上动手去给它收拾干净。

书包里还有练习簿。你也非常好奇地去反复观看。你很纳闷，哥哥怎么就会用钢笔在上面画出这样整齐美丽的线条、小圈圈和花纹来。

现在，你自己当了学生。你有了自己的书包、书本和练习簿，自己的盛着铅笔、钢笔杆和橡皮的文具盒。

你每天在学校里学习使用钢笔，在白纸的田野上，沿着碧蓝色的小路——格子线——来指挥它的行动。

钢笔并不总是听你的指挥。它常常违背行动的规则，而这个规则又是非常地严格——不许歪歪斜斜地越出路外去。

有时候，也是你自己不好，钢笔蘸的墨水太多了。你瞧，纸上溅上了污斑，应该把"救护车"——吸墨纸——喊来。

当你刚学写字的时候，在你的练习簿上可以发现各种形状各种大小的污斑。有一页上有一个黑色的湖，另外一页上简直就是一片乌黑的海洋了。

铅笔就不至于弄出污斑来，因为它用不着墨水。然而就是铅笔，你也不会用主人翁的态度去对待它。当你削铅笔的时候，一下子就差不多削去了四分之一。后来掉在地上，把笔尖折断，又得重新来削尖。

在你的手里，铅笔不到一个星期就完全变成又短又旧的铅笔头了。你对待钢笔尖也是残酷的。瞧吧！它在你这儿已经变成一个跛子。它的一只足尖已经折断，变得比另外的一只短了一截。它那道缝隙也没有了。

可是我们答应过你讲一讲铅笔的历史。

要铅笔能够诞生，应该先有高耸美丽的松树在西伯利亚诞生和成长。这不是普通的松树，而是西伯利亚的杉松。

你吃过杉松果吗？它的滋味好得很，怪不得松鼠那样喜欢吃它。其实把它叫杉松果是不恰当的。这不是果而是种子，是从西伯利亚杉松的球果当中取出来的。

这种杉松的木料又轻又坚实。人们用它来制造柜橱。在这种柜橱里，永远不会生蠹（dù）鱼。

6

但最值得西伯利亚杉松骄傲的，就是它可以用来制造铅笔。千百万学生用这种铅笔来写字。

为什么人们对西伯利亚杉松表示这样的敬意呢？

因为，它容易削。西伯利亚杉松木制成的笔杆，拿小刀削起来，不会起毛，不至于削不动，能够削得又平又滑。

但光有笔杆，还不算是铅笔。它什么也写不成。笔杆只能在沙土上写字。用它在纸上写，一点儿痕迹也没有。

要想做成铅笔，就得在笔杆里放一些东西，让它可以在白纸上留下痕迹。

再合适不过的东西是石墨。它是黑色的，就像炭一样。怪不得石墨和煤炭是一家人。

人们到乌拉尔的深山里去采取制造铅笔用的石墨。但是在那儿，也不是容易采取到的。它不在地面上而是埋藏在地底下。为了要得到它，不得不深入到地下，深入到矿坑里去。

火车从西伯利亚和乌拉尔驶往莫斯科，把杉松木和石墨粉运到铅笔工厂里去。

要制成铅笔，还需要黏土——也不是普通的，是特种黏土。人们从乌克兰把这种黏土运来。

"用黏土干什么?"你问,"不是制造铅笔吗?又不是烧砖。"

需要黏土是为了让铅芯坚硬结实。黏土羼(chàn)得愈多,铅笔写起字来就愈硬。

铅笔因此就分作各种类号:1号是硬铅,2号是中等铅, 3号是软铅,4号是更软铅……

有时候不用号码,却用字母来分别:"B"是软铅,"H"是硬铅,"BH"是中等铅。

只要看一下铅笔,用不着试,马上就可以知道写出字来是什么样子。

木头,石墨,黏土,你以为这就够了吗?不,这还不算完。做铅笔还需要彩色的油漆,需要光亮的金属——铝。你知道铅笔应该是很漂亮的,这才使你拿到手里觉得高兴。

你瞧,从各方面把材料运到工厂来了。要使一切都准备妥当,要把木块变成正六角形的光滑木杆,要把石墨跟黏土和油混起来以后装进笔杆里去,那么现在该怎么办呢?

没有人类的劳动,材料自己是不会变成物件的。要把木头、黏土和石墨制成铅笔，人们应该动手来做些事情。但是，怎样去做呢？假使全部用手来做的话，那事情就进行得太慢了，铅笔会供不应求，并且贵得要命。

你计算一下，我们有多少在学的儿童。有几千万！那么他们就得需要几千万支铅笔。

没有机器，就满足不了他们的需求。

如果你到制造"少年先锋队"铅笔的工厂里去，可以在那儿看到许多灵巧的机器。

它们干起活来是那样敏捷，一天的工夫就能够制出一百万支铅笔。倘若用铅笔铺成小路，三天之内就可以从莫斯科接到列宁格勒①。

在工厂的一端，许多很大的机器正把石墨粉和黏土羼混起来。而另外一端，制好的铅笔就从别的机器里，成对地或者四支四支地落到箱子里去，快得真是数也数不清。

黏土、石墨和木头不是一

混合石墨和胶水的搅拌机

---

① 俄罗斯城市圣彼得堡前称。

下子就变成铅笔的。它们沿着工厂，从一台机器到另一台机器的全部旅行，就是一条变化的链条。混合了石墨的黏土一会儿变成黑色的细条，一会儿又变成大粗棍。假如用这种粗石墨棍做成铅笔，就是用两只手也抬不动。只有到最末了——经过许多周折以后，经过炉火的烧炼和烘干以后，人们才从黏土、石墨和油制成需要的铅芯条。

要经过这些过程，是为了使它们混合得很好，使制好的铅芯条坚固耐用，不容易折断。

这时候，杉松木块也发生了大大的变化。敏捷的车床已经把木块切成大小相等的木板。在每块木板上，车床还替六条铅芯刨好了六条凹槽。

现在，乌拉尔的石墨、乌克兰的黏土终于和西伯利亚的杉松木会面了。

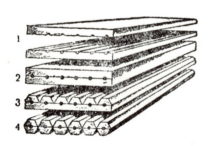

你瞧，怎样从杉松板得出铅笔来：1. 在两块木板上都做出凹槽来；2. 把石墨条放到凹槽里，把两块木板黏合起来；3. 第一次刨削以后，出现了铅笔的上面一半；4. 第二次刨削以后，木板变成了六支铅笔。

铅芯给放在木板上替它们准备好的凹槽里。人们把另外一块同样的木板像盖子一样覆盖在上面，再把两块木板黏合起来。

这一项工作，仍然

10

不是用手做，而是用机器来做。

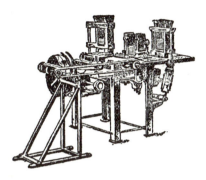

放石墨条和黏合木板的自动机

六支连在一起的铅笔被制造出来了。

要使它们能够各自过活，应当把骈连的孪生兄弟分离开来。

这也得让机器来做。它把木板切割成六支六棱的木杆，每支木杆里有一支铅芯。

这已经是铅笔了，虽然看起来还不漂亮——没有涂颜色，并且是粗糙不平的。

要使它变得漂亮，还应该把它送回机器里去磨光，涂上光彩的油漆。

铁臂把铅笔推进了最后一台机器，在那里，把割成窄条、薄得像纸一样的铝片覆在铅笔上，然后烫印上一行商标。

瞧！在铅笔上现出一行亮闪闪的字："少年先锋队"。

铅笔诞生了，有了名字，可以离开工厂被送到商店，再从商店到你的文具盒里。它还只刚刚诞生，就已经成为"少年先锋队队员"，并且上学去了。

你再从铅笔的顶端仔细观察一下。瞧，它是用两片黏合到一块的。这就是它在工厂里变化的痕迹。

现在你明白了，制成一支铅笔是多么困难的事情。

为了使你能够写字和画画，有多少能干的成年人在辛勤劳动啊！西伯利亚的伐木工人，乌拉尔的开采石墨的工人，乌克兰的挖土工人，莫斯科铅笔工厂的工人。还有许许多多别的人——铁路工作人员，机器制造工人，开采金属矿的工人，炼钢工人——都为了要使你有铅笔而劳动着。

然而，关于铅笔是怎样被发明出来的，我们还一个字也没有提呢。古代从来没有像今天这样的铅笔。艺术家用银条来画画，学生用铅条来写字。但是铅条留在纸上的痕迹是灰暗不清的，并且它拿在手里也是不舒服的。人们把它放在皮套里，当铅条被擦短的时候，不得不把皮套的尖端也切去一块。

三百年前，人们用这样的银条和铅条来写字和画画。

直到现在，德国话还把铅笔依着旧习惯叫作"铅条"，中国把它叫作"铅笔"，跟这个也有关系。

后来，当人们懂得用石墨来代替铅的时候，为了要找到一种不过分柔软的石墨，又花费了许多时间和精力。

人们试着把石墨跟硫黄混合起来，但是它因此变得很脆，很容易碎。

当用黏土来代替硫黄的时候，这个问题便解决了。

发明这些制造铅笔的灵巧的机器又是多么困难的事情啊！应该叫机器替人操作，要它自己会混合、研磨、刨削、黏合、涂色、移动、翻转、推动。

你看铅笔的历史就有这么长久。

现在你已经知道它的历史，一定会更加爱护它的。

要把铅笔削尖，不要随便涂写。替它买一只笔套来，免得万一掉在地上会把它的鼻子折断。假如没有笔套，那就应当在铅笔工作完毕之后，让它回到小屋子——文具盒——里去休息，不要到处乱扔。

练习簿的历史

每年在开学前几天，你要到学校里去拿练习簿和课本。你知道并不是你一个，像你一样的，一个班里还有许多人。你们学校里一共有多少班，一时也数不上来。

光一年级就分甲、乙、丙、丁四个班。那么有多少学校呢？你们学校是第644号。单从这个号码就看得出，全城该有多么多的学校了。

在我们苏联有成千上万的城市和乡镇，到处都有学校。上千万的学生正在这些学校里学习着，而这些学生都需要书籍和练习簿。如果把这些书籍和练习簿放在一起，可以堆积成一座很大很高的纸山。

你知道我们还没把所有的学生都计算在里面。

不久以前，学校里来了两位妇女。年轻的一个怀里抱着刚满周岁的小女孩。另外一个白发妇女领着一个三岁的小男孩。

女教师含笑问道："你们把这样小的孩子送到学校里来干什么呀？女孩子应该送进托儿所去，男孩子应该送进幼儿园去……"

可是白发的妇女说："不是，是我们自己想来上学。我想进七年级，我的邻居想进十年级。您知道什么地方有成年学校吗？"

那位年轻的妇女接着说："过去我们没有能够在学校里毕业，所以现在决定来补习。"

女教师明白她们是想到成年学校去，就说："原来是这样，这是很好的事！无论什么时候学习都不算晚。是谁劝你们来上学的啊?"

年老的说:"她很早以前就已经有这个打算了。而我的女儿们羞我说:'你的孙子都快上学了，可是你连七年级还没学完。'"

我们顺便提起了这件事情，是为了让你知道，我们全国的人都在学习：有的在七年制学校里，有的在大学里，有的在技术学校里，有的在职业学校里。

不但是你，他们大家都需要练习簿。

练习簿是简单的东西。但是，把它制造出来可并不简单……你恐怕还不知道练习簿是怎样制成的，是用什么制成的吧！

第一个来做工作的是锯……

这还有锯的事？难道人们制造练习簿还要用锯?

用锯是为了在树林里锯云杉……

这还有云杉的事？难道练习簿是用云杉制成的?

正是用云杉制成的。先把云杉锯断，然后用斧头砍掉它的绿色的枝条和它那尖尖的

练习簿就是用这样的云杉制成的。

15

树梢。练习簿不需要针叶和球果，树皮对它也没有用处。

练习簿不是用球果、针叶或者树皮制成的，而是用云杉的树干制成的……

用树干？这还有树干的事？建筑房屋才用树干，它可不做练习簿啊！

房屋是房屋，练习簿是练习簿。要把树干做成练习簿，应该把它劈成劈柴……

这还有劈柴的事？劈柴是用来生火的。

也用劈柴，把劈柴熬成粥。

把劈柴熬成粥？是谁兴的用劈柴来熬粥？

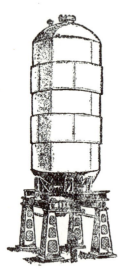

造纸工厂里熬木浆的锅就是这个样子的。

是需要它的人兴的。为了把劈柴熬成粥，应该把它堆在锅里。锅大得像房屋一样，可不像你家厨房里用的锅子那样。

锅里熬的不是米粒而是劈柴。倒到锅里的不是油而是酸。没有酸就不能够把劈柴熬成粥。

劈柴在锅里被熬软了，变成纤维，然后把纤维打碎，使它变得更加细小，这样得到了真正的木粥。

只是有了它，你还不能够罢手。它的味道一点儿也不好吃。本来熬它也不是为了吃，是要用它来造纸的。

用粥来造纸？谁相信这事！

谁要是不信，就让他来试验一下。试验也并不难。你拿出一张纸来，从边上把它撕下薄薄的一层。然后把它对着亮光去照一照。这时候你立刻就会看到纸并不是密不透气的。它整个好像毛毡一样，仿佛用细纤维混织成的。云杉在锅里熬得稀烂了就变成这种纤维。

现在把这张纸撕成小块放在水里捣碎。纤维四散开来，得出跟工厂造纸用的纸浆一样的东西。用纸来做纸浆的法子并不巧妙！只要把它捣碎就成了。但是，用纸浆怎样做成纸呢？现在就来谈谈这件事。

要做成纸，先得把纸浆搅动，使它们里面的纤维交错起来。然后，把它碾薄，就像面团做面条一样。

这就出来了潮湿松软的纸张。纸张不应该是潮湿松软的，应该是干燥结实的。那么，还应该把它里面的水分赶出去，把水分排出以后，潮湿的纸张便会干燥了。

你看，得出了多么长的一条锁链：云杉做成树干，树干做成劈柴，劈柴做成纸浆，纸浆做成纸张，纸张做成练习簿。

如果需要特别坚固的纸张，就不是用木头来做，而是用破布来做。破布一开头也是在锅里熬煮，只是不是加酸，而是加碱或者石灰。破布熬碎成纸浆，然后把纸浆做成纸。

从前，所有这些工作都用手来做，因为那时候还没有机器。

把破布加水在石臼里捣碎。捣的时间很长，一直到纸浆里没有小团和碎片为止。把纸浆盛到一个四方形的模子里，这模子是一个木框，底是用线网做成的。做纸的人用力来摇荡模子，好使纤维交错起来。就这样摇荡半天后，水经过网孔流下去了。网里剩下的便是潮湿的纸张。把纸张轻轻地揭下来，压在木板下面，上面放一块大石头，然后放在日光底下去晒干。

为了让人们知道纸是谁制造的，技师便用铁丝折成字，放在模子底上。有字的

古代的造纸作坊。抄纸技师用网从大桶里捞出做好的纸料。他的助手把潮湿松软的纸张铺在一块毯子上。把这样的一厚沓纸放在手摇压榨机下面压。

地方的纸张比别的地方的要薄些。人们拿纸张对着亮光一照，便看到技师的姓名，也有的纸张上没有字，而是做出一些水印，印出某种东西的形象来。每个技师都有自己的水印，有的是塔，有的是飞狮，有的是手套。

那时候，纸张的价钱很贵。确实，它做起来多麻烦啊！

为了使工作进行得更快些，人们决定叫河流来帮忙。他们想得很正确：如果河水能够在磨坊里用来碾磨谷物，就让它也来碾磨纸浆，摇动模子吧。

许久以前，离莫斯科不远的地方有一架水磨。它矗立在帕赫尔河的岸上，是用来磨谷物的，跟它并排矗立着一座碾纸浆的磨。粮食磨坊工人变成了造纸技师的助手。

两个磨坊邻居愉快地工作着：一个磨面粉，用来烤面包；另外一个造纸，用来给人们写字。

然而，春天的洪水从山上流了下来，冲毁了堤坝，破坏了碾纸浆的磨坊。人们不得不另外修筑一座来代替它，就筑在雅乌斯河岸上。

当列宁格勒建成的时候——当时它还叫圣彼得堡——在这儿也开始造起纸来。彼得堡的造纸磨坊一开工，彼得大帝就下令向老百姓宣布这件事，好让大家来买纸。传令员和鼓手沿街走着。鼓手敲起鼓来。人们都跑来看热闹，传令员便大声向群众宣布，在加列尔宫后面，奉沙皇的命令，已经建造了一座磨坊，大家可以到那造船的海军工厂去买纸。

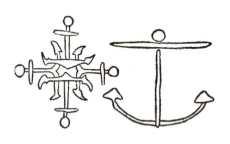

1720 年和 1724 年在彼得大帝时代彼得堡造的纸上的水印

纸张是结实的。水印上画着一只跟新都的市徽一样的锚。但是，纸张的价钱很贵，不是随便哪一个人买得起的。难怪那时候俄国的学生都没有练习簿。可是他们也要写字。当时学生们去上课，都带着石笔和黑色的石板。

你现在只是在教室里才在黑板上写字。这块黑板很大——一共只有一块。可是当时每个学生都有自己的小黑板来代替练习簿。这并不方便。黑板被写满了要擦掉上面的字，再写上新的。要想看昨天或者

石板。当时学生们就在这样的石板上写字。

20

前天写的东西是不成的。

　　纸，却是另外一回事了。它可以把交给它的东西全部保存下来。在纸上，正像俄罗斯的古语说的："用笔写的，用斧子也砍不掉。"

　　可是练习簿只有在纸张的价钱便宜的时候才能够让每个学生买到手。而要纸张价钱便宜，只有在造纸的大机器发明出来以后。

　　我们现在有大规模的造纸工厂，里面完全用机器来帮助人操作。

　　工作打一开始，从云杉还生长在树林里的时候起就使用了机器。

　　机器自动锯在森林里锯树木。机器运木车

苏联的快速电锯，现在就是用这样的锯来锯造纸用的云杉。

把木材搬到河里去。机器捞木机用它的长臂把木材捞起，并且搬到工厂里去。

　　在工厂里，另外一些机器正开足速度在工作着：剥皮机把树皮剥掉，劈木机把树干劈成木块或木片。木片自己跑到锅里去。从锅里跑出来被洗净以后，再走到另外一架机器，在那里被打碎成细的纤维。最后，打成的

21

还有这样的机器——木料碾碎机，它把圆木料碾碎，把碾碎的木料送到锅里去。

纸浆落到末了的一架机器里。

这是一架你从来没有见过的大机器。一间普通的房间跟它相比，就像鸟笼跟大象相比。它需要一间像戏院一样宽敞的大厅。

从机器的一头，一眼望不到那头。

这也难怪。你知道在这一架大机器里还套着许多机器呢。每架机器都做着指定给它的工作。一架机器振动着网，使纤维交错起来。另外一架机器把纸里的水分榨出，并且带着它向前进。第三架机器也很用劲，把纸张

造纸机。可以看到做好的纸怎么从它那里面出来。

在两只灼热的滚筒中间熨平，使它变得完全干燥而且平滑。在机器的最末端，制好的纸张都卷在一个轴上——卷成很大的一筒。

技师站在这架造纸的大机器旁边，他想道：这长条的纸的带子通过机器跑得越快，供给学生们使用的纸张也就越多。

你看他摁了一下按钮，那指示速度的指针便摆向右面。纸的带子用每分钟二百五十米的速度飞跑着。这就是说，机器每分钟能够制出二百五十米的纸张。

大机器轰隆轰隆地响着。浅蓝色的电火花发着爆声从纸的带子上飞出来。卷在机器末端的轴上的纸卷筒好像雪球一样，越来越快地加大着。

技师想："机器的速度还能不能够再增加呢？"

他又摁了一下上面写着"更快"字样的按钮。仪器的指针更摆向右方。你看它已经到了红线——二百七十五米！快到不能再快了。假如强迫机器再增加速度，纸的带子就要绷断，电动机也会烧起来……

下班以后，技师和他的同事们开小组会讨论怎样改进机器，让它可以超过红线去——你知道全国需要很多很多的纸张。

那么，技师在超越红线上面成功了没有呢？是的，成功了。我们现在已经有许多机器是用每分钟三百五十米的速度在工作着，甚至还要更快。

卷筒纸还不是练习簿。你推都推不动它，怎样在它的正面去写字呢？假如把它松开来，它可以从你家里一直铺到学校，你可以走在这条纸铺的路上去上学。

要想在上面写字，应该把它裁成小张，画线，订起来，再加上封面。这些事情如果完全用手来做是不合算的。纸虽然便宜了，但是用它制成练习簿倒贵了。那还得需要机器去做。

这种为你的兄弟们、为学生们做练习簿的机器已经被发明出来，并且正开足马力地工作着。

造纸工厂设立在靠近森林的地方，在大河的旁边。譬如，在苏联的卡马河岸上就有一个规模很大的造纸工厂。

练习簿却可以随便在哪一座城市制造，甚至连一棵树也没有的草原上也行。

卷筒纸从造纸厂被运到制造练习簿的制本工厂去，把它装在火车上，装在有篷的车厢里，为的是不让它受潮。

在制本工厂里，人们已经在等候着它了：欢迎你，亲爱的客人！

卷筒纸在造纸工厂里，是一切工作的结尾，而在制本工厂里，一切都是从它开始做起的。在这里，卷筒纸重新走进机器里去了。

制本机是个万能的技师。它会画线，会切纸，会把切好的纸对折起来。假如你看到它在怎么工作，你会觉得它仿佛什么都懂似的。

练习簿假如是为了做算术用的，机器先画一些横线，再画一些竖线。这样纸上就出现了方格子。给年龄较大的学生用的，纸上画的是单线格；给年龄较小的学生用的，就画三线格。

纸的一面画完了线以后，再翻转过来画另外一面。然后把大张的纸切成小张的，并且六张六张地数出来。这项工作它从来没有做错过，好像学过算术一样。每凑足了六张，它便向前推进一步。六张纸的下面已经放好封面，这封面也是机器用纸张做成的。

封面放在纸上，还不算是练习簿。应当把所有的六张纸——连封面在一起——对折起来。你知道从机器里出来的纸张有练习簿的两倍那么大，就像练习簿被打开的样子。

制本机器什么都会——画线、折叠，裁切，就是缝纫没学过。

装订本子就要缝纫，那得用另外一架机器——装在另外一层楼上。

那儿不只有一架缝纫机，而是有许多架。

你家里的缝纫机是用线来缝纫的，可是制本工厂里的这些缝纫机都是用铁丝来缝纫的。只要开动机器，它立刻便把两本练习簿在四个地方戳个洞，用四只发亮的铁丝钉把它缝合起来。这些小钉钉，你当然看到过不止一次了。它可以不让纸张散失掉。当你要从练习簿上撕下一张纸来做纸箭玩的时候，小钉钉便紧紧扣住纸

用铁丝来缝练习簿的机器

张，好像对你说："别动，不要撕坏了练习簿！"

制本工厂的机器从早到晚都在工作着。它一天做出来的练习簿，所有的学校半年甚至一年都用不完。

在你面前的桌上，放着一本崭新清洁的练习簿。它不声不响地躺着，不跟你谈谈它过去的情形，也不跟你

谈它还是云杉时候的情形，更不跟你谈松鼠怎样沿着云杉跳跃的事情。

练习簿也不会告诉你这些事情：云杉怎样在河里游泳；怎样在锅里被熬煮；怎样穿过所有机器，跑过全国的许多地方。

云杉在没有变成这本练习簿或者这本练习簿的姊妹们以前，它经历的事情是很多的。现在它变成了练习簿，以后的事情就由你来决定了。

你可以用整洁美观的字体把一些诗句抄在上面，那么你的哑练习簿说起话来，也会是很有韵味的。谁要是把它拿起来，打开来看一下，它便把你写的话告诉那个人。它帮助你更好地学习，使你变得聪明，有知识。

小折刀的故事

哪个学生不盼望收到一份这样的礼物：一把崭新的、亮闪闪的小折刀呢？

当然，折刀有各式各样的。有一种是十分简单的，只有一个刀子。也有的除了两个刀子以外，还有拔塞钻、螺丝起子和小锯。这样的小折刀，家里面用到它的地方可真不少。

　　父亲要修理电门了。螺丝起子在哪里啊？在儿子的小折刀里。母亲要开罐头盒了。开罐头盒的刀子在哪里啊？在儿子的小折刀里。简直不是折刀，而是一个万能的技师。就是最简单的小折刀——只有一个刀子或者两个刀子的，也是挺不错的工人呢。

　　它可以替你削铅笔，可以替你劈树枝来烧火，也可以替你削马铃薯的皮。在手艺精湛的人的手里，它既可以把木板造成船舶，把芦苇制成笛子，把木头削成手杖，又能够在绿树皮上刻出美妙的图画。

　　小折刀得做许多工作，替我们人类服务，但是要小折刀能够出世，人们也得做不少事情。

　　没有一个技师能够从头到尾一手做成一把折刀的。折刀是好几十个人共同制成的。采矿工人开采矿石。炼铁工人把矿石炼成生铁。炼钢工人把生铁炼成铜。冶金工人把铜制成刀子。他们在不同的地方工作，大家甚至谁也看不到谁。但是他们做的是一件共同的事情：一个人开头，第二个人继续下去，第三个人把它完成。

　　在苏联的乌拉尔有一座马格尼托山。那里白天夜晚都轰轰轰地，像不断地在放炮。这是采矿工人正在爆破红褐色的石头——矿石。

　　矿山的斜坡是一层一层的，好像砍出来的台阶一样。许多下面装着履带的大机器沿着台阶在走动。每架机器都有一只长臂，臂上挂着个有齿的铁槽斗。

　　司机坐在放着机器的小屋子里，他一会儿扳一下这个把手，一会儿扳一下那个把手，机器就乖乖地一会儿转到右边，一会儿转到左边，垂下或者抬高它的长臂。机器转到一边，用槽斗抓起矿石，把它搬到旁边的车厢里。司机拉动铜缆，槽斗的底便立刻张开，好像一只野兽张开了口一样。把矿石倒进车厢里，机器便重新转过去装矿石。

挖土机把矿石抓起，送到车厢上去。

就这样一车厢一车厢地装满了矿石块。电气机车开动起来，很快就把装着矿石的列车拉到工厂里。

工厂里矗立着一排排高塔一样的鼓风炉，每座都有十层楼房那样高。

矿石被车厢倒进一只大漏斗里，再从漏斗漏进小车里。小车飞快地沿着斜桥跑到鼓风炉的顶上。

小车一辆接着一辆往上跑，把它们装载的一切东西——矿石块、石灰石，像煤一样的黑色的焦炭，统统倒进鼓风炉里去。焦炭因为是煤做的，所以也是黑的。

鼓风炉里之所以要加焦炭和石灰石，是为了使它能够从矿石炼出铁来。

把矿石炼成生铁的鼓风炉

30

鼓风炉里热得连石块都会熔化。倘若你透过炉上的小玻璃窗往里瞧，会看到里面就跟火山口一样，火一般的熔岩正在那里沸腾着。

每隔四小时，人们便把塞在靠炉底的小孔里的黏土挖开。立刻，一股泉水飞溅着火花，照得人睁不开眼睛，冲到了替它预备好的槽里。这就像是一股火的泉水，但是这不是水，而是熔化了的金属——生铁。

火红的铁水从鼓风炉流到很大的铁水罐里。现在应该把这个罐送到炼钢的地方去，然而罐是那样沉，用手根本举不动。

在工厂里，熔化了的金属是用下面装轮子的罐或者靠桥式吊车的帮忙来运送的。在车间的上面高高的地方，一座桥梁沿着轨道正在跑着。桥梁上面有一间小屋，小屋里有一个女工人，她手里掌着把手。

你瞧，这是怎么样的桥梁啊！它不像普通的桥那样老是待在一个地方，而是顺着轨道来回走着。

小屋里的女工人推动了一下把手，桥便乖乖地停在罐的上面。很大的挂钩钩住了罐，把罐吊了起来。桥梁又开始移动了。这样生铁就给送到了炼钢炉那边。

炼钢炉也有个小窗子，跟鼓风炉一样。如果朝这个小窗子里一望，眼睛便会觉得刺痛。炉子里是一片火海。火的波浪沿着海面在翻腾着。整个炉子都给光辉的火焰照得通亮。人们随便把什么废铁——机器碎片、生锈的轮子、铁轨和铁梁都投到火海里去。还有破烂的水壶什么的，它躺在垃圾堆里就像躺在坟墓里一样，看来它再没有一点儿用处了。但是现在它到了工厂，人们把它投进炉里去。它跟所有别的废铁在一起，就像糖化在水里似的化在熔铁里。这样结束了一种物件的生命，却开始了另外物件的新的生命。

炼钢工人把生铁、矿石和废铁在炉里熔炼出新的、光亮的、有弹性的钢。而金属工人又把钢制造出小折刀和许多别的东西：斧头和锯子，钢轨和钢梁，机床和机器。

盛钢桶沿着钢锭模把钢汁倾注进去。

从钢锭变成小折刀，还有很长的一段路呢。

要做小折刀，先要把钢锭压成钢板。在炼钢厂里有许多很大的机床来做这些

压延机。钢锭在这上面给压成钢板。

事。这种机床那样大，人们都不管它叫机床，而叫机器。

钢板制出来了。火车把它运到别的工厂，运到制刀的工厂去。在这个工厂里也有许多各式各样的机器来帮助工人工作。

你家里有用来剪纸的剪刀，工厂里却有用来剪钢板的机器剪刀。钢板给剪成钢条，钢条再给剪成一块一块的小钢片。这样的一块小钢片还不大像小刀。它的边很钝，不要说劈木片，连裁纸都不行。要把这种小钢片制成小刀，还应该把它变成另外的样子。

在从前，小刀是在铁匠铺里由铁匠锻打出来的。小钢片先被烧得通红，让它变软。铁匠用铁钳把它夹起放到铁砧上。他的徒弟早就拿好了大铁锤等在旁边。

铁匠用小榔头指着要打的地方。徒弟就举起大铁锤，在这个地方使劲地打。

叮！小榔头在敲打。

当！大铁锤在响应。

被烧红的小钢片被大铁锤越打越扁，变成人们需要的样子。这真是又吃重又精细的工作！从钢片制成刀子真不简单啊。然而现在人们已经把这个工作交给机器去做了。一个机器就代替了铁锤、铁砧和锤铁的人。

人们把准备好的材料放在铁砧上按照刀子的样子做成的一条凹槽里。锻铁工人开动了机器。铁锤从高处落下来，使劲地压到材料上。

钢片便向四面展开，挤满了整个凹槽。锤子上原来也有这样的凹槽，这样就把材料从四面扣紧，结果使钢片变成了跟凹槽一样的样子。

可是事情并不这么顺利。压紧在凹槽里的钢向四面展开，它好像在寻找出路。它沿着边上——在铁锤和铁砧中间的缝隙里挤了出来。这样压出来的刀子，形状是不规则的。应当把挤出凹槽的边剪去。然后还要把刀子拿去锻炼，使它变得很坚硬，在干活的时候不至于弯曲。这样就要把刀子烧得很热，再把它很快地冷却。但是这时候它固然变得非常硬，却也变得很脆。它在干活的时候会被折断，这还是不妥当。要使刀子变得又坚硬又有弹性，应当再把它烧熟，但是不烧得像第一回那样热，然后让它慢慢地冷却。

你看，为了使刀子得到它应该有的性质，为了使它在碰到障碍的时候不弯曲，不折断，应该让它经过怎么样的锻炼啊。可是这还不够。刀子还得在磨刀石上被磨平，再用金刚砂擦到发亮为止。这样算是把刀子做好了，还得再做一把小一些的刀子跟它配成对，加上拔塞钻和螺丝起子等附件。

现在它们需要有一间居住的小屋——用两块金属片做成的框子。还需要两个小钉，把刀子、拔塞钻、螺丝起子按在上面，像按在轴上一样。

你想把刀子放进它的小屋去就放进去，想拉出来就拉出来。要使刀子听从主人的话，在用不着它的时候别自己张开，还得有两根弹簧。你把刀子合拢，不召唤它来干活的时候，它就给扣在里面。

各部分都已经做好，只剩下把它们装配在一起了。

当它们分散的时候，它们各自的用处都不大，放到一起便构成一把小折刀。

这个小折刀的历史是不是说完了呢？

没有，这还不过是刚刚开始。

你的小折刀什么样的事情没有经历过啊！

也许你曾经带着它到过远方去旅行。你用它建造过一所茅棚，做过一根钓鱼竿，在森林里的树上刻过记号，指示回到少年先锋队营帐去的路。

就是在家里，它也是你的忠实朋友。它总是跟你在一起——在你的衣袋里或者书包里。

它常常来帮助你。你也应该爱惜它。不要让它受潮，受了潮它就会害病——生起锈来。你叫它干活要有分寸，别硬要它去锯铁，这是钢锯做的事。别用它去挖地，刀子碰着石块就要损坏了。

不要在学校里用小刀来削书桌玩。记住，工人们制造小刀是为了帮你工作，不是教你用它来破坏东西的。

如果你爱护你的小折刀，它是会用诚实的劳动来报答你对它的一切关怀的。

钢笔和墨水的历史

你每天坐在书桌旁边，手里拿着钢笔。钢笔尖在俄文里跟羽毛是同一个字。你知道这是为什么吗？

钢笔尖是用钢做成的，又不是用鸟的翅膀或者尾巴做成的。它在纸面上飞，又不是在天空中飞。

为什么钢笔尖和鸟的羽毛会有一个同样的名字呢？

你还有一把小折刀。小折刀在俄文里的叫法，意思是"削羽毛刀"。为什么叫"削羽毛刀"，而不叫"削铅笔刀"呢？本来你用它来削的是铅笔，又不是羽毛。

在你面前的桌子上放着一个墨水瓶，里面盛着蓝色的墨水。为什么叫它"墨水"？它又不是黑色的，而是蓝色的啊！也许它的正式名字叫"蓝水"吧？

名字上的这种混乱情形是怎样造成的呢？

这一切都是因为，有时候一种物件的名字比物件本身的寿命更长。物件已经变成另外的样子了，名字却仍旧是老样子。

从前，钢笔实际上就是鸟的羽毛，那时候，墨水也只有黑色的，从来没有蓝色的和绿色的，而小折刀也干着它的本行——削羽毛。

在克雷罗夫的寓言里面，鹅吹牛说"它们的祖宗曾经拯救过罗马"。到底是不是这样，那很难说，但是鹅这种动物在世界上却有另外的功绩：好几百年以来它们把羽毛供给人使用。有许多好书都是用鹅毛写成的。

如果你拿起一支羽毛，蘸些墨水，试着写一下，那除去污斑，什么也写不出来。

究竟怎样用它来写字呢？

开头应该把它削尖。那就用着小折刀来工作了。

小折刀把羽毛的末端斜着切断，然后把它削尖。为了使墨水不随便流到纸上去，而是在需要它的时候才流，小折刀还得把羽毛的尖端割裂成两半。

你的钢笔尖也是这个样子的。当你摁钢笔尖的时候，它尖端上的裂缝便分开来，给墨水让出一条路。墨水顺着这条裂缝流出来，好像小溪在两岸中间流一样。

假使你想让画出来的线又浓又粗，你得把钢笔尖摁得更使劲些。裂缝变宽了，流过来的墨水就更多了。你用不着削你的钢笔尖。它落到你的手里已经是做好的了。但是在古时候，削尖一支羽毛要费好半天工夫。这并不是一件简单的事情。要使羽毛正好在中间割裂，尖端的

削尖一支羽毛要费很多的精力和时间。图上表示怎样把羽毛的末端斜着切断，然后割裂和削尖。

两半要削成同样大小，是需要很灵巧的手艺的。

最糟糕的是羽毛很容易变钝，很容易损坏，得时常去更换它。所以，当时在墨水瓶旁边总要放上几支预备替换用的羽毛。

墨水瓶的旁边还摆着一个盛着干燥细沙的沙罐。你纳闷："这又是干什么用的？"

古时候的瓷墨水瓶连着沙罐，沙里插着一支羽毛。

在羽毛休息的时候，人们便把它插到沙罐里。但是沙罐的用处并不只是这个。

你在动物园里看见过大象没有？当它洗完澡以后，便用鼻子撮起一把沙，仔细地把它撒在自己肚腹的两侧、背上和耳朵上。沙对于它正跟毛巾对于你一样。

39

大象根据经验，知道沙很会吸收水分。现在已经不难猜出，桌上摆着的沙罐是干什么用的。人们写完一页字，便撒上沙，使写上的字迹干燥。然后把沙从纸上吹掉，把写好的一页翻过去。有时候，信纸把沙带到信封里面。信封拿在手里摇一下会沙沙地响，好像摇着发响的玩具一样。

　　当时的墨水也不像现在这样。写在信上的字不是真正黑的，而是褐色的，好像用浓茶写的一样。要等字迹变深了，才看得清楚。那时候墨水才真正变成黑色。

　　四十年前，莫斯科住着一个用旧法制造墨水的技师。他有一把长长的胡须，胡须本来已经是白的了，老头时常用自己那在墨水里弄脏的手指去抚摸它，理直它，把它染黑了。在他的作坊里，桌子和架子上都塞满了罐子，有的罐子里盛着阿拉伯树胶，有的盛着一种美丽的绿色的晶体，在盛着晶体的罐子上写着"硫酸铁"。但是作坊里最多的还是一种硬壳果般的东西，叫作五倍子。

　　你不要以为制造墨水的技师用五倍子来写字。五倍子不能吃，它是有毒的。它其实不是硬壳果，它没有权利叫这个名字。这是一种有时候生在橡树枝或者橡树叶上的瘤。

老头用五倍子的汁液加上硫酸铁和胶水来制成墨水。

他储藏着许多墨水。所以他在空闲的时候喜欢给认识的和不认识的人写信。他写信给最著名的人物，常常因此感到骄傲。

可是你写字用的墨水跟那老头做的并不一样。现在墨水里的主要原料是染料，这种染料不是小作坊里制造出来的，而是在化学工厂里制造的。当你写字的时候，不必管墨水变色快不快，它一写出来就是清晰的。

人们在工厂里制造出各种颜色的染料，所以，现在的墨水不单有黑色的，也有绿色的和蓝色的。

你问：工厂里用什么来制造染料呢？

蓝色的染料是用乌黑的煤制造出来的。

绿色的呢？

绿色的也是用乌黑的煤制造出来的。

那么红色的呢？

红色的也是用乌黑的煤制造出来的。

蓝色的、绿色的和红色的染料都是用煤这种东西制造出来的，这怎么可能呢？何况煤还是黑色的。这没有化学家是做不成的。化学家能够做的还不止这一些呢。但是第一个做这件事情的是煤矿工人。煤矿工人在地底下，在矿坑里，把煤开采出来。铁路工作人员把煤运到工厂里。

在工厂里，化学家从黑色的煤里提炼出煤焦油，从黑色的煤焦油里提炼出没有颜色的、像水一样的液体，从这种没有颜色的液体中制造出色彩鲜明的染料。

化学，这是多么奇妙的学科：用黑色的东西做成没有颜色的东西，又用没有颜色的东西做出蓝色的、绿色的、红色的东西。

从前，制造墨水的技师没有五倍子做不出墨水来，而现在，没有五倍子，用人造的染料也可以制造出墨水来。

从前，人们不得不从鹅身上取羽毛。而现在，钢笔尖可以在工厂里制造了。人们在地底下找到矿石，把矿石炼成钢，把钢压成薄片，送到制造钢笔尖的工厂里。钢片在那儿发生了一长串的变化。

一架机器把钢片切成狭长条，另外一架在那狭长条上轧下一片一片的小钢片。那狭长条轧过孔以后已经不能再用了，便送回熔炉去熔化。轧下来的小钢片便用来制造钢笔尖。

一片一片小钢片的样子已经像钢笔尖了，但是还不能够用来写字。它是平的，因此在它上面就像在一块平板上面挂不住墨水。要使墨水滴能够沾在上面，应该把它弯成凹槽。尖端上还应该切成小缝——让墨水可以流下来。

所有这一切仍旧不是用手来做的，是用机器来做的。你知道钢笔尖并不是用小折刀削尖的。然后，把差不多做好的钢笔尖送到炉子里，这个炉子把它锻造得坚硬起来。这以后再把锈去掉，镀上一层发亮的金属——镍，使它不至于再生锈。

这一切都进行得很快。小钢片从一架机器到另一架机器，不断地转移，一路改变着，最后变成了漂亮的、刻着商标——厂名——的钢笔尖。

单是列宁格勒的联合工厂，一昼夜工夫制造出来的钢笔尖就足够分给全列宁格勒的市民每人一只，并且还有剩余。

为了使你有钢笔尖，而不是鹅的羽毛，人们发明了这些机器。而为了使你不再用沙罐和沙，你有了使墨水干燥的纸。吸墨纸能吸水，所以能吸干墨水迹。

再说橡皮吧！从前橡皮是用一种树木的汁液做成的，这种树只生长在热带，不是到处都有的。然而，现在人们用锯末来制造酒精，用酒精或者石油来制造橡皮。

从前，人们需要的东西只有在自然界里去发现和搜集，现在，这种事情已经越来越少了。他们学会人工制造"羽毛"，用不着鹅来帮忙，不用橡树帮忙来制造墨水，不用外国树木帮忙来制造橡皮。

假如古时候的学生看到你的书包或者书桌，他就会惊奇地看到那不长在鹅翅膀上的羽毛，代替石笔的铅笔，代替石板的练习簿，代替沙的吸墨纸，用黑色的煤制造的蓝墨水，用锯末制造的橡皮。

如果你再给他看看自来水笔，那他就要更加惊奇了。

真的——这是一种不必每分钟都去蘸墨水的钢笔！它是一支自己随身带着墨水瓶的钢笔！把它插到瓶子里，它自己便从瓶里喝墨水。

这支钢笔怎么会喝水呢？它又不是活的！这事情解释起来很简单。

自来水笔里面的墨水瓶是用橡皮制成的。这是个好像点眼药水的管子那样的东西。你把橡皮管上面的按钮捏一下，管里的空气便出来了，你放开按钮，空管子便展开来，墨水跑进了那个空地方。

是什么东西把墨水赶进橡皮管的呢？是外面压在瓶

里墨水上面的空气把墨水赶到钢笔里去的。

好，再瞧一下你的书包吧。

里边是你的老朋友：练习簿、钢笔、铅笔、橡皮、小折刀。现在，你一定比以前更加了解它们了。你知道它们为了要到你的书包里，是不得不经历一段很长的路程的。

它们从生长着云杉和西伯利亚杉松的树林来到你这里；它们从埋藏着煤、石墨、黏土、铁矿的地底下来到你这里。它们还得经过火和水，经过炉子、锅子和机器。它们一路上改变着，现在你已经一下子说不出它们是从什么变过来的了。

可是我们还忘了提起一个老朋友。跟这个朋友在一起谈话，你连时间过了多久都不注意了。它告诉你全世界的事情——关于地球和星星，关于山脉和海洋，关于古代的事情和现代人们怎样在生活和工作的事情。

这个老朋友是谁呢？下面的故事就谈到它的事情。

书的城市

要环游全世界，走到北极和南极，攀登最高的山峰，潜入深海的海底，都不是怎么容易的事情。

但是，不离开原来的地方也可以旅行。这个旅行不需要轮船，也不需要飞机。你只要拿起书来，一转眼的工夫，它便领你到两极，到山上，到海底。

没有这样的轮船，也没有这样的飞机，它们能够把人带到书带得到的地方去。

你自己有书架。你已经把上面你最喜爱的书读得烂熟。

你的妈妈埋怨你，叫你别再买书了。但是，幸而你现在当了学生，并且在真正的图书馆里登了记，可以到那儿去阅览了。

到那儿去并不算远，只要经过几幢房屋就到了。

孩子们都坐在阅览室的长桌旁边。虽然位子上差不多都坐满了人，但是屋子里静悄悄得像空屋一样，偶尔只听见几声低语或者翻书页的沙沙声。

作家们：普希金、莱蒙托夫、涅克拉索夫、高尔基……在墙上用赞许的目光注视着读者们。

最爱吵闹的顽皮孩子到了这儿，看来都像模范儿童一样。这也难怪。他们哪里还有工夫淘气呢！他们读着书，一会儿在地底下洞窟的曲径里迷了路，一会儿在没人的岛上制造小船，一会儿又跟盖达尔讲的故事里的楚克和盖克在一起，在西伯利亚大森林里旅行。

图书馆书架上的书真不少。图书馆的管理员怎样把那些现在需要的书找出来呢？

有图书目录来帮他做这件事情。图书目录就是书的世界的向导。管理员检查目录，找出书名和它的住址：第几橱第几架。

图书馆里有许多书架和书橱。可是如果你到过列宁图书馆，那你就知道现在你们这个图书馆简直是多么小啊！

在莫斯科有一座很大的灰色大楼，跟别的房子不一样。它是那样地高，假如你数一数它的层数，从最下一层数到最高一层，你的帽子一定会从头上掉下来。大楼上的窗子是那样地紧密，窗子之间的墙壁是那样地窄，整个墙壁看起来像是一面有灰色窗框的大窗户。

别的房子里窗子就疏得多，窗子之间的墙壁也阔得多，还有两层之间的距离也要大得多。

从外面看，甚至于很难猜透，在那闪耀着千百块玻璃的墙壁后面是些什么。谁住在这个有狭长窗子的神秘的屋子里呢？住在里面的不是人，是书。

灰色的大楼就是世界上最大的图书馆列宁图书馆的藏书库。这里面收藏着上千万册书，比莫斯科的人数还要多得多。

　　藏书库真是个书的城市，有许多大街和小巷。在每层楼的中间是一条大街，大街的左右分出了许多小巷。沿着巷子排列着许多书架，就像是一座一座的房子。

　　还有谁不住在这个城市里呢？穿着朴素的日常衣服的薄册子和服装华丽的烫着金的厚卷书并列在一起。这些朴素的小册子往往比那厚厚的烫金的邻居更聪明，讲的内容更丰富。曾经有许多读者读过的、书页松散的旧书和刚刚从印刷厂印好的新书也并列在一起。

　　有些书很少从书架上取下来，因为很少有人去读它。也有这样一些书，它们经常吸引读者。它们时常从书的城市到书的大厅去旅行。当然，书自己是不会走的，它是坐小车走的。

　　在书城的大街上来往的车辆很多。手车像汽车一样，沿着混凝土的道路飞跑，上面装着书，从书架送到电梯，或者从电梯回到书架。

　　书城里也有电气铁路，它从书城通往阅览厅。沿着铁路来回走的是小型的电气列车。每一列车都有两节车厢，坐在车厢里旅行的仍旧不是人，而是书。

火车很快地向前跑着。到了车站它便停下来装载旅客。站了不大会儿便又开走了。铁路上有四个车站，全程的长度是四百米，就是你走的八百步。这里像一个真的城市一样，有警察，有消防队员，有邮局，也有医院。消防队员维持秩序，注意不让随便哪一个人吸烟。如果有人吸烟，不是就会乱扔火柴梗和香烟头吗？

无论在什么时候，灭火拴上总接好了长长的软管，还准备好了各种类别的灭火器。

有时候，书城里来了一些残破的旧书。它们在漫长的生命过程里已经被转移了许多地方。它们的书脊已经受潮发霉了。它们的书角上有许多小孔，这是老鼠的尖齿印。这样的书便立刻送进书的医院去。在那里，工作人员把它们的污斑打扫干净，把撕破的书页裱好。

假如书来到这里的时候没穿衣服，就给它穿上衣服。书城里有专做书的服装的工场，在那里用细布和皮给书裁制衣服。书在这里这样受到爱护，是为了让它们能够多活些年，多替人们服务几年。

书的敌人——甲虫、老鼠、蠹鱼——是绝对禁止到书城里来的。为了使书籍不生病，就得防止潮湿。图书馆里的工作人员注意看书城的气候，使它冬天夏天都一样，不太冷，也不太潮湿。这里的墙壁上到处挂着温度表，还有一些可以指出空气干燥还是潮湿的仪器。

书城里还有邮政局。当阅览厅里的读者需要书的时候，他可以写信把它唤来。他在信里写上书名和它的住址：住在书城里的哪条街上，哪所屋子里。假如读者不知道住址，他便把信送到"户籍局"去。那儿坐着一些人专门做调查书籍住址的工作。他们那儿有许多卡片抽屉。每张卡片上都写着书名和它的住址。卡片在抽屉里不是躺着，而是按照字母顺序排队站着。

目录卡片的抽屉

信从户籍局出来，再被送到邮局去。邮局在书城的地下铁道车站上。在那儿，工作人员把信从车厢上取下来，放到轻便的铝管里。每根铝管都给送到上面去，送到住址条上指定的那一层楼。因此，人们在书城里建造了升降机——好像电梯一样：一条宽宽的传送带从下面往上面跑，经过各层楼。传送带上有插铝管的环，还有盛书的口袋。

铝管随着传送带往上跑。当它恰好到达信里指定的那一层楼的时候，便碰到一个小钩。这个小钩把它从环上推出来，于是铝管便沿着沟槽滚到信箱里去。

信来到了书居住的那条街上。现在应当把信送到书的家里去。做这件事的是邮递员——值班的管理员。他把信从铝管里取出来，看一下住址，就一直走到指定的书橱。这时候信才最后到了书那儿。书离开了书架，给送到阅览厅去上班。这条路对它可真不近。

它开始是跟别的书在一起坐着手车沿着大街走，后来被放到传送带的口袋里，给送到地底下。在地下它又坐火车到了"阅览厅"车站，在那儿它再坐电梯往上升，升到读者早已等急了的大厅里。

这全部过程很短，因为人们在建造这个书城之先早已想得很周到了。否则，这里的事情的确不好办。这儿有多少书啊！而且有多少读者需要它们啊！

列宁图书馆有十一个成年人阅览厅和两个儿童阅览厅，每天都有五千多人到阅览厅里来。假如图书馆的工作当初不是这样安排的，要把书找出来交给每个人，你说容易不容易？假如书城里的管理员顺着楼梯，一会儿爬上第十六层楼，一会儿爬上第十八层楼，到上千万册书里去找一本书，那会是怎么样呢？

列宁图书馆有一千五百名职员。假如没有火车、电梯、图书户籍局和图书邮局来帮助他们的话，那他们非把腿跑坏不可。读者要找到一本书，就得等上一个月。等到最后把书送到阅览厅，读者早已不在那儿了。现在不是去找书，而是要去找读者了：他跑到哪儿去了？为什么不来看书呢？而他早已把书忘掉了！

但是，幸而读者不必等那么久。现在他已经坐在桌子旁边阅读着。跟他坐在一起的是别的读者——学生、教员、工人、工程师、医生……你倒是真可以试一下把列宁图书馆的读者都举出来！你知道在我们苏联，不管老的小的，大家都在学习。工厂里的旋工、钳工、炼钢工人，在下班以后，都参加了斯达汉诺夫班，参加了青年工人学校。他们都需要书。

一般地说，人越多的地方越是喧哗，但是在阅览厅里老是安安静静的，在这儿说起话来也轻轻地，恐怕打扰旁边的人。在这儿，拉动椅子也是轻手轻脚的，从来没有砰砰乱响的。椅腿上都穿着软橡皮靴子，穿了这样的靴子，椅子就不会碰出声音来。虽然汽车沿着图书馆外面的街上奔跑，但是喇叭声音一点儿也传不到阅览厅里去。汽车司机不许在这附近按喇叭，免得打扰读者。

儿童阅览厅是图书馆里最漂亮的阅览厅。

在手稿保管部里收藏着许多用笔写成的、不是印刷厂印刷出来的书。你知道，从前是没有人会印刷书籍的。这里有不是用纸而是用牛犊皮制成的书。

有些古书的篇幅上闪耀着金光和银光。在这样的书里，每个大写字母、每幅图画都是画家画出来的。

珍本书是不出借的。因为一出借书很容易损坏，但是想要看的人仍旧可以读到它们。

这是怎么办到的呢？

图书馆里有一间阅览厅，在那儿可以把珍本书放映在银幕上，好像电影一样。那先得把画用照相机拍摄下来。你如果往底片上看，什么也看不见——上面的字是极细极细的，但是在银幕上，却看到一本大书，这样，就很容易阅读了。

二 在我们的街道上

我们的街道是怎样修筑起来的

我们这一条街道真好。尽管它是在城市的边区，但是比起中心区来也并不差。房屋又美丽又高，都像精选出来似的。在各家庭院里有游戏场、树木、花坛、座椅。

我们街上最大的房屋是门牌7-17号，门牌1-5号也不算小。这些白牌上的数字，在蓝色的街灯光下面，对那些懂得它的语言的人会谈出不少的事情。

一般街上房屋的门牌号码都是挨着的。一边是单数：1、3、5、7、9……另外一边是双数：2、4、6、8、10……然而我们这儿全是两个号码：1-5、7-17、

19–25。

为什么要这样呢？这说起来话可长了。

好些年以前，在那如今是高大的新房子的地方，是一些小木屋。

它们出世已经很久了，在上了年纪的时候，还很艰难地替人们服务着。有一间小屋的墙壁已经倾斜了。另外一间的屋顶坍了下去，它已经没有跟雨雪搏斗的力量了。第三间小屋的台阶已经腐朽了——人们不得不跨过两级台阶，一下迈到第三级上去。孩子们倒满不在乎，大人们咕哝着："这样真会把腿摔坏的！"

如果跟老住户们谈起来，他们就会讲起当初人们住在这些木屋里是怎样地艰苦。

好房屋——有明亮的房间，有电灯和自来水的——只有在中心区的大街上才有。那儿的房租非常贵，工人们是租不起的。

市中心里，时常在门窗上看到一张绿色的招贴。这就是说，房子正空着，要招租。

可是在我们的街上，房子里挤得转不过身来。每间小屋子里住着两家人，中间用布幔隔开。也有这样的情形：小屋子里有四个角落，每个角落都有它的住户，又

55

是郁闷，又是嘈杂……生长在这样的房子里的孩子都是面黄肌瘦的。没有地方玩，院子里满是泥泞，从敞着的污水池里往外发散着臭气。街道是不曾铺砌过什么的，一到秋天就没法走。汲水得担着水桶到河边去——你看到有谁在黏土的河岸上跌了一跤，把水都泼了。从来没有过电灯。晚上守着洋铁制的煤油灯，从煤油灯里冒出来的烟比它发出的光还多。

当俄罗斯的一切都被工厂主、地主和城市中心区的经营房产的人们统治着的时候，就是那样子。但是现在工人已经变成国家的主人翁，为了让所有的劳动人民都生活得更美好，他们便动手来改建城市。许多城市都大大地改变了面目，你很难再把它们认出来。

许多人很久没到莫斯科来，当他们来到这儿的时候，简直连自己的眼睛都不相信了。城市里的平地上升起了好几十层高大的新建筑，就像神话里的塔一般。

晚上，在莫斯科的上空，闪耀着很大的三角光柱。有时候它们慢慢地转动着，一会儿转到右边，一会儿转到左边。在它们的底下，飘散着雨点儿一般的炫目的火花，还发射着淡蓝色的、照耀着周围房屋玻璃的闪光。

那儿发生了什么事情呢？那儿正在建筑一座大楼。

三角光柱是安装在起重机臂上的电灯造成的。这个超重机把钢柱和钢梁举起，随着有格子的构架——未来建筑物的骨骼——的增高，举得越来越高。

　　蓝色的闪光就是从在极高的地方工作的、勇敢敏捷的人们那里发出来的，那些人正在用电火的高热把钢柱和横贯的钢梁焊接在一起。

　　想看铜骨架的人应当赶快去看。等它穿上了石头的衣服，你就看不见了。在那钢柱之间，砖墙长得越来越高，而在外面——在砖的表面——还要把华丽漂亮的石板覆盖上去。

　　莫斯科的改建工作不是随便进行的，而是根据计划来进行的，这个计划是建筑师们遵照斯大林同志的指示做出来的。

　　从前那狭窄曲折的小巷，现在都变成了宽广的大街，两旁有高大的房屋，有茂密的树木，有平滑、清洁得像屋子里的地板一样的街道。

　　当然，一座已经建造好了几百年的大城市的改建不是一件简单的事情。怪不得人们都说："莫斯科不是一下子建设起来的。"可是那种古老的小木屋，在我们这儿遗留下来的，已经一年比一年少了。

现在仍旧回头来说我们自己的街道。

当建筑工人来到我们这儿，在两年之内建筑了许多高大的房屋的时候，你大概年纪还小，已经记不起来了。

看着他们工作，真是怪有趣的。

头一个来干活的是挖土工人。他们先挖土，挖基础地槽。你知道把房屋直接筑在松软的地面上是不行的。房屋重，而地面是软的。你开始盖房子，房子也开始下陷，而在这时候，一边可能会比另外一边下陷得更厉害，结果房子倾斜了，露出了裂缝。等建筑完工，房子却跟着变成了一堆废墟。

要不想发生这种意外，房子就得建筑在基础上：建筑在坚固的砖或大石块做的基础上，或者建筑在人造的石头——混凝土的基础上。

筑基础是要好好想一想的。如果基础做窄了，它就支持不住房子，你自己大概也懂得：穿着滑雪鞋，就是站在柔软的雪上也不至于陷下去；如果是穿狭窄的冰鞋，连硬雪地也会给划破。

但是，基础要宽大，这还是小事。它还应该深深地埋到地下去，并不是浮搁在上层的、松软的土地上，而是应该搁在下层的、坚实的土地上。上层的土质常常是不结实的，里面时常有水——渗下去的雨水或者融雪的水。冬天，碰到严寒的天气，水便在地底下结成冰，把基础顶得突出来，房子随着基础也就松动起来。

建筑工人很熟悉这一点，所以他们把基础地槽掘得非常深，使得每堵墙壁都支持在坚固、干燥的土地上的石头基础上。

从前在建筑工地上，人们用铁锹来挖土。土地硬得像石头一样，铁锹都挖不动，不得不动员铁撬棍和镐来工作。

这是一个艰苦的工作，它花费很多时间，尤其是在建造大楼的时候。然而现在已经有了强有力的机器——挖土机——来给挖土工人帮忙了。

当我们在街上盖房子的时候，挖土机便用这种以前谁也梦想不到的铁锹把土从地槽里挖出来。这种锹是有牙齿的。它用钢牙啃土地，把啃下来的土装在里面，就像装在嘴里似的，然后倒在卡车上。

用这种铁锹工作并不费事。

司机坐在挖土机的小屋里，按着操纵杆。挖土机的每个动作就完全听他的指挥：它一会儿转到这一边去抓土，一会儿转到另外一边把土倒在卡车里。一辆卡车还没走，一辆空车接着上来了。

　　挖土工人只是等在那里，为了把基础地槽的边铲平。

　　挖土工人很快做完了自己的工作，就和他那强有力的助手——挖土机——转移到邻近的工段去。挖土工人开始挖掘第二座房屋的基础地槽。

　　这时候，混凝土工人参加了第一个工段的基础建筑，跟着他们来的也是大机器——混凝土搅拌机。这是一个会制造人造石头——混凝土——的机器。

　　它用一种灰色的粉——水泥——和沙做成人造石头。混凝土搅拌机把这些原料跟水混合在一起，不大一会儿，就得出糨糊似的东西，然后把砸碎了的石头——石子——加到这个混合物里。

混凝土搅拌机是混合水泥、沙和石子的机器。

石头一般都是硬的，石头的特点就是硬，怪不得人们常说："硬得像石头一样。"可是混凝土在刚刚做出来的时候，柔软得可以随意捏成各种形状。如果把混凝土槽填满，把它压结实，让它硬化，就会得出恰恰像木槽一样的石块。

喏，道理就是这样：我们当然谁也没有必要用沙来做包子！可是如果用沙来做包子，外面的模子是什么样子，做出来的包子也一定是什么样子。只是沙做的包子寿命并不长，一会儿就散了，而混凝土板做的日子越久，变得越硬。

这一切，当混凝土工人在我们的街道上工作的时候，每个人都能够看到。他们用木板给基础做了木框，并且把混凝土填到这个很大的木框里。

然后，混凝土工人转移到第二工段，那儿的挖土工人已经挖好了基础地槽。

混凝土工人开始建筑第二座房屋，挖土工人已经转移到第三工段去了。

建筑工人就这样沿着街道一批跟着一批走：挖土工人后面是混凝土工人，混凝土工人后面是泥瓦工人。

泥瓦工人也是带着他的助手一起来的，而且也是那样一个大力士！它的身材很魁梧，比十层楼还高。它只有一只胳膊，可是比人的胳膊长二十倍。它可以一下子把四百块砖举起来，或者把十二层石阶的楼梯举起来，

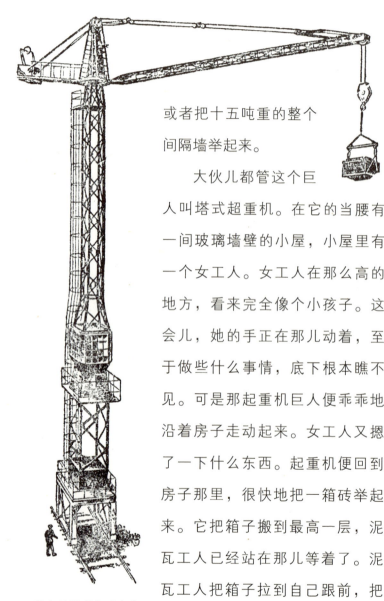

或者把十五吨重的整个间隔墙举起来。

大伙儿都管这个巨人叫塔式超重机。在它的当腰有一间玻璃墙壁的小屋，小屋里有一个女工人。女工人在那么高的地方，看来完全像个小孩子。这会儿，她的手正在那儿动着，至于做些什么事情，底下根本瞧不见。可是那起重机巨人便乖乖地沿着房子走动起来。女工人又摁了一下什么东西。起重机便回到房子那里，很快地把一箱砖举起来。它把箱子搬到最高一层，泥瓦工人已经站在那儿等着了。泥瓦工人把箱子拉到自己跟前，把里面的砖卸下来。

很大的塔式起重机把一箱砖举起来。

在从前，人们不得不用自己的背来搬运砖块。搬砖的工人被人叫作"山羊脚夫"。人家这样来称呼他们，是因为他们用"山羊"来运砖的缘故——不过不是活山羊，而是木头做的山羊。

从前在建筑工地上工作是多么辛苦："山羊脚夫"把砖驮在自己的背上，驮到六层楼上去。

砖堆在有两个弯柄的担架上。这两个柄好像山羊的两只角，所以把这种担架叫作"山羊"。人们把"山羊"装在一个像桌子一样的架上，这样就用不着从地面上去拿起它来。如果要从地面上抬起它，那就更重了。然后，把三十块砖放在上面，人便把"山羊"搁在自己背上，"山羊"的角就正好搁在他的肩上。这要费很大的力气，而且还得经过练习。不会的人一背上"山羊"，就会跟它一块儿坐到地上去。

你知道，背着这样重的东西，还得沿着颠动的木板攀登到第四层、第五层楼上去！

从前就是这个样子的。可是现在呢，在我们街道上建筑房屋的时候，根本没有一个这样的山羊担架。人不再有什么吃力的工作，机器替他把砖搬完了。

泥瓦工人的工作进行得也很快。有一个年轻的技工，工作成绩特别好。有一次，他早晨上班的时候看到，在他昨天临下班砌的一堵砖墙旁边挂着一张招贴。招贴正面写着一行大字：

向我们建筑工地上的优秀泥瓦工人致敬！

年轻技工很惊奇，便跟他的助手说："嗨！老弟，要保持住这个光荣啊！如果这张招贴在咱们这儿串串门，不久便走了，那咱们可够丢脸的。"于是他们便更加起劲地工作下去。墙壁在技工的手底下开始更快地长高起来。

到下班的时候，他站在墙头上往下望，望见那张招贴给留在底下很远的地方。

到了第二天，招贴又给挂在最高的拼砖上。从这一天起，他们天天都是这样：白天他使劲赶到这张招贴的前面去，到了第二天早晨，招贴便又赶上了他。他们就这样在一起一直到最高一层。

这个青年技工变成了整条街上最出名的泥瓦工人。你知道泥瓦工人的工作并不简单。用小小的砖块砌成一座大楼——这是一件不容易的事情。要是没有本领和熟练的技能是不成的。

要使墙不至于倒塌，应该把砖块放得端正，把它们黏合在一起。

细木工人用胶来黏合材料，裁缝用线，平常的木工用钉子，而泥瓦工人用砂浆。砂浆就

泥瓦工人正在砌砖墙。

是水泥或者石灰跟沙混在一起调成的，把这种砂浆放在两块砖中间的缝隙里，日子越久它变得越硬，就把砖黏合起来，使它们以后不管怎么样都不会分开。

泥瓦工人用带弯柄的小铲把砂浆抹在下面的一排砖上，把上面的一排砖砌在砂浆上。砖可并不是随便放的，而是把砖缝跟砖缝错开，不要让上下的砖缝对在一起。如果砖墙砌得正确，它可以好几百年不坏。有的古屋已经有一千年的历史，还一切都是完整的。

泥瓦工人在房子里砌墙的时候，别的工人便开始安放间隔墙，装置梁架，把地板铺在梁架上，钉上天花板，安装自来水管、电灯和电话，装设暖气管。他们就这样把房子一直建造到顶层。

现在开始是房盖工人的事情了。

一切就是这样轮流地继续前进。挖土工人开始替第四座房子挖土，混凝土工人进行第三座房子的基础建筑，泥瓦工人开始砌第二座的墙壁，而房盖工人建筑第一座房子的屋顶。

房盖工人的后面来了抹灰工和油漆工人。在他们的后面轮到那最后的一批人，房子就是替这些人建筑的。然而这些人是谁呢？

这些人也就是跟那些建筑房子的人一样的劳动的人们：泥瓦工人和炼钢工人，教师和医生，钳工和排字工人，科学家和工程师。住户不是走来的，而是坐了卡车，携带着桌椅、橱柜、床铺、沙发、茶杯、盘子、书籍、玩具一起来的。有的还带了猫来，带了鸟笼来，带了狗来。

现在第一座房子里，已经有金翅雀在楼上鸣叫，猫蜷卧在楼下的窗台上。第二座房子只差装电灯了。第三座房子往天花板上抹泥墁。第四座房子正在盖屋顶。第五座房子正在砌墙。第六座房子正在奠基。第七座房子正在挖基础地槽。第八座房子还在划地段——在划建筑基础的地方。

现在，在我们的街道上，十二个弟兄——十二座房子正分成两排站着。

第一座房子的年龄最大，它开始建筑早，完工也早。最年幼的是第十二座，人们现在还正往那儿搬家呢。

在庭院里，花盛开着，孩子们正在打排球。每座房子里都有电梯上上下下。大门口停放着许多漂亮的汽车。

很难叫人相信，还不过是几年以前，所有这些都还只是纸上的东西——在设计图样上的东西，建筑师在图样上画出了房屋建筑的设计，画出了它的外面样子，画出了它的内部结构。

好啦，你现在明白了，为什么在我们的街上有这样奇怪的门牌号码。从前门牌号码是1、3、5的小屋的地方，现在是门牌1–5号的一座大楼。从前是门牌号码7、9、11、13、15、17这六间小屋的地方，现在整个地段上只有门牌7–17号的一座大楼。

有一次，我们街上来了两个人：一个是上了年纪的白胡子老人，另外一个是男孩子。他们停在1–5号旁边。白胡子老人说："你瞧，多大啊！这就是我的家。"

他们又往前走去。他们停留在门牌7–17号旁边。白胡子老人说："你瞧，多大啊！这就是我的家。"

他们又往前走去。他们停留在下一座房子旁边。白胡子老人又说："这座房子更大、更好。这也是我的家。在那一边，那电影院，也是我的家。在这条街上，你念所有这些号，这都是我的家。"

男孩子奇怪起来了："伯伯，您在开玩笑。一个人一下子住不了那么多的房子！"

白胡子老人笑着说："我住的不过是一间房子，可是它们全都是我抹的灰泥。走在它们旁边，真是从心眼儿里高兴，我的家啊！"

在地铁里

当你猜对了七个谜语，答对了七个问题以后，就把这个故事的题目填到准备好的方框框里。

回答问题要简短，你知道方框框里的地方是很小的。七个问题只应该有一个答案。

什么地方从来不下雨也不下雪？

什么地方冬暖夏凉？

什么地方在夜晚像白天一样明亮？

什么地方的河水在人们的头顶上流？

什么地方没有常住的居民，只有过路的行人？

什么地方的钟上没有指针？

什么地方的楼梯是自动的，门是自己打开的？

你大概已经猜着了。

这七个问题只有一个答案：在地下铁道里。

到过莫斯科的人一定都到过地下铁道。没有亲自到过莫斯科的人也听说过，在莫斯科这座城市的下面有一座地下城市——有自己的街道和大理石宫殿。

沿着地下的街道——隧道——从宫殿到宫殿，奔驰着接连不断的电气列车。

在那儿——在那地底下的王国里——一切跟地面上都不一样。

在地面上是白天跟黑夜交替的，但是在地面下永远是光明的，那儿不知道现在是什么时候——是白天还是夜间。

地下的光亮是从哪儿来的呢？这不是一下子能够找得到的。

在一座宫殿里面，光亮是从天花板上照射下来的。虽然照耀得跟白天一样亮，但是看不到灯，它隐藏得那样巧妙。在另外一座宫殿里，光亮从一个大理石的杯子

地下铁道"库尔斯克"站上的圆吊灯

向上照射，好像喷泉里的水一样。在第三座宫殿里，耸立着一排排的水晶灯台。在第四座宫殿里是用链子系着的圆吊灯。电流顺着许多根电线跑到灯台那儿，用明亮的灯光驱散了地下的黑暗。

在地下城市里，从来没有雨、雪，炎热和严寒。上面正下大风雪。人们把衣领掀起，拉下帽子在奔跑着，但是地下铁道里是宁静的。要不是你刚刚在街上挨过冻的话，你就不会说现在正是冬天。夏天正相反。上面是闷热的，但是地下铁道里凉爽得很。这儿的气候是服从人的。

地下铁道里的空气是清新的，里面有这样一些机器——帮助地下城市来换气的通风机。

在莫斯科，在公园和街心花园里，你看见过那海面有高高的铁栏杆窗子围起来的、石头造的大岗楼吗？栏

"索柯里尼卡"站附近街道上的地下铁道通风岗楼

杆是这样紧密，通过它什么也瞧不见。里面有什么东西在呜呜地叫着。你大概不止一次想过：是谁住在这个岗楼里呢？是谁在那儿呜呜地叫呢？

那里边没有人住。这个岗楼对于地下铁道来说，正像嘴对于人一样。通过这个有栏杆的窗子，地下铁道把新鲜空气吸进去。所以岗楼就设在树木中间，绿树林里面，使得进去的空气更加新鲜。空气从岗楼往下流进很深的竖坑。那底下有一架大机器——通风机，就是它在呜呜叫着。通风机好像人的肺一样，把空气吸进来，然后向前赶——赶到车站里。还有别的通风机把混浊的空气排到外面去。

那么，为什么地下铁道冬暖夏凉呢？

当冬天空气寒冷的时候，人们把它放进过道，让它先通过长长的一条通路，沿着地下隧道流进车站，使它在路上变暖。夏天把新鲜的空气输送到车站里面，等它变热的时候，就把它排到过道里。

列车也能够帮助地下城市来换气。当它沿着隧道飞跑的时候，便把静止、闷热的空气向前推动。空气给推得没有地方安身了，就向上通过替它建造好的出口排到外面去。

这就是为什么地下铁道里虽然老是挤满了人却不闷气的原因。

列车在地下开得很快，没有谁挡住它飞跑，没有谁挡住它的去路。地面上，人们坐公共汽车、电车、无轨电车。在同一时间，电车从车站出发走了三公里，无轨电车和公共汽车走了四公里，地下铁道里的列车却可以整整跑上十公里。

地下铁道一天可以载运多少人呢？每一节车厢坐二百人，一列车有六节或者四节车厢，谁会算，马上告诉我一列车装满了的时候有多少人。而一共有多少趟列车呢？要计算列车的趟数，应该看一看，多长时间有一趟列车。你

有指针的钟和没有指针的钟

可以用那每个车站上都有的钟来帮忙。这是一种特别的钟——没有指针，但是计算时间十分准确。列车刚一出站，钟就开始计算起时间来，好让人们知道上一趟列车开走了多久，下一趟列车还要等多久才能来。

钟上的数字每隔五秒钟亮一个，这样一个接一个地亮起来，好像围着圆圈赛跑一样，"5""10""15""20"，

一直到"60"。六十秒钟以后，中间便立刻亮起一个大数目字"1"。这就是说，列车已经开出去一分钟了。又过了六十秒钟——亮起了数目字"2"。但是在这时候，下一趟列车已经到站了，乘客搭上了以后，它便又向前开去。于是钟便重新开始计算时间。

一趟列车里有一千二百位乘客，列车每两分钟一趟，或者比这更多。

现在可以算出来了，全线一天载运的乘客有多少。我想，你是一下子算不过来的。

两天的工夫，如果每个人从头到尾坐一趟的话，地下铁道可以载运全莫斯科的居民。三个月的工夫，地下铁道可以把全苏联的人民统统载运一趟。三年的工夫，它可以把全世界的人载运一趟。

列车在地下铁道里飞奔，每隔两分钟就有一趟。但是它们为什么撞不到一块儿呢？为什么车头不会撞上车尾呢？

每一趟列车里都有司机，他手里老是掌着可以开关发动机的按钮。司机从玻璃窗子往外张望，如果老远望见红信号灯，就立刻关住发动机，停下车来。

然而是谁把红色信号灯点着的呢？是个什么样的

人呢？

不，不是人，而是前面行驶的列车。

列车制造得这样灵巧，它自己会点着红光和绿光的信号灯。红灯表示路上有车。绿灯表示路上可以通行。

那么，假如司机不管三七二十一越过红灯怎么办呢？这种事情是不会有的。地下铁道的司机是经验丰富、经过审核的人。他们知道，许多人的生命就在他们的手里。但是司机也许一下子发了病，他自己也不知道的情况下越过了红灯。那时候列车怎么办呢？

为了防止这种意外，发明出来一种聪明的东西——自动停车闸。这是一种警戒器。它时时刻刻地在警戒着。假如列车前头的车厢过了红信号灯，自动停车闸马上制止列车：停住！不要动！

所有的地下铁道都有这种设备，人们放心乘车，没有什么可怕的。

你坐在列车上，甚至于有一个值班员从车站就跟在列车后边，你都不知道。他就是管理着一切运输事务的人。你已经离开车站老远了，那值班员还通过地面来看你这列车是怎样在隧道里行驶的。难道人还能够通过地面来观看吗？看来的确是可以的。

在终点站调度员办公室的墙壁上有一幅灯光通明的图。图上面用各种彩色的线条和符号来表示路线、岔道、转辙器和信号。调度员一看这幅图就可以看出列车沿着铁路线行驶的情形。每列车都发出信号来报告自己的消息："我正在走着！"

要指挥列车朝着另外一条路走，调度员可以坐在那里移动路上的转辙器。他远远地操纵着运输，好像有好几公里长的胳膊一样。这是靠电流来帮忙的。电流顺着电线跑到车站，并且让值班调度员墙壁上的图亮起来。也就是这个电流把值班员的命令传达给转辙器，把列车从一条路上转到另外一条路上。

地下铁道的好处，几分钟的工夫是说不完的。在那儿，车厢会自己联结成列车。在那儿，门会自己打开和关闭。在那儿，楼梯会自己把人带上去、带下来。

楼梯的梯阶做成了宽大的传送带的样子。这个传送带把人连楼梯一块儿带上去。到了上面以后，梯阶传送带又从地面下转回下面来装载另外一批乘客，而扶手也随着梯阶往上跑，并且是在梯阶外面的。不过，这里只是看上去好像一切都没有人管似的，全是自动的。你知道，自动机械也是人来操纵的。

地下铁道"斯大林工厂"站里的自动楼梯

　　在地下铁道里有许多奇妙的机器，它们帮助人们又快又安全地在地底下通行。而在建筑地下铁道的时候，又有多少极好的机器在工作啊！但是，好的应该不是机器，而是创造这些机器和整个地下城市的苏维埃人。

　　你想，在地底下建设宫殿和隧道是容易的事情吗？

而且不只是在地底下，不只是在随便什么空地的地底下，而是在高楼大厦的地底下，在莫斯科街道的地底下。

应当从莫斯科地底下把整座山那么多的沙、黏土、石块掘出来，并且在工程进行中不能够损伤街道，不能够碰坏煤气管和水管，不能够毁坏地下电线和电话线。

有一段路线的地下铁道应该通过莫斯科河的河床底下。结果，那儿的河流是在人的头顶上流过去的。但是建筑工人碰到的最大困难，不是在地面上的河流，而是在地面下的河流。地下的河流冲洗着沙和黏土，水夹带着细沙，而沙给水浸湿了变成"流沙"，在那儿慢慢移动，就会使进行工作的地方崩坍。

要使得工作顺利进行，工人不得不在许多地方用抽水机把水抽走。

人们发动空气来抵挡水，空气顺着管子给抽到下面来，把水压出去，把沙弄干。这样一来，在建筑隧道的时候，沙便很容易给拿出去。

人们还发动寒冷来抵挡水。人们把极冷的液体压到流沙里。这种液体把沙冻结起来，使它变硬。这样一来，事情便容易办了。沙停止了流动，就不会打扰人们的工作了。

你瞧我们的工程师和工人，他们在莫斯科的地底下建设着优美的地下城市，是多么聪明和勇敢啊！

现在你知道这个故事的题目应该叫什么了吧，那就是"地下铁道"。

在最末了，再谈一下"地下铁道"这个名字。"地下铁道"在俄文里是 METPO（读似"美的路"）。

这个字是从一个长字缩短的。假如它不缩短的话，应当是 METPOПOЛИTEH（读似"美的路包丽京"）。这个长字的意思便是首都的道路。

在别的国家的首都——柏林、伦敦、巴黎，都有这样的地下铁道。

巴黎，法国的首都，是座美丽的城市。那儿的林荫大道上行驶着华贵、漂亮的汽车。但是在那儿的地下铁道里，又潮湿，又闷气，好像在澡堂子里一样。墙壁是脏的，挂满了各种广告。

在别国，建设地下铁道的人只求它能够运输人就算了。至于车站的美观、舒适，是没有人想到的。出的钱少就不用想舒适。有钱的人就不坐地下列车。

苏联建筑地下铁道的人们就不那样想了。

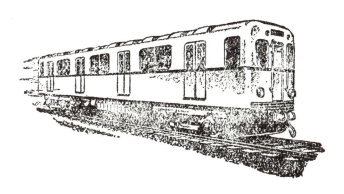

地下列车的一节车厢

他们知道，每天有十万莫斯科本地人和外来人要通过地下铁道的楼梯去上班，去上学，去游览，去剧场，去图书馆。那怎么能不想法使地下铁道的空气是清洁的，光线是叫人愉快的，车厢是舒适的，车站是美丽的呢？但是建筑地下铁道的人们还有另外一种想法。他们希望，人们在走进莫斯科地下铁道的时候，立刻感到自己是在未来的城市里。

你知道莫斯科地下铁道就是苏联首都的道路，而这个首都又是世界上第一个社会主义国家的首都。这是苏联的首要的城市，斯大林同志当时就住在那里，人民选举出来的人——最高苏维埃的代表们，就在那里的克里姆林宫里开会。

我们街上的汽车

在我们的街上有多少汽车啊！它们一辆接着一辆地飞跑，一眼望不到头。

这都是你的熟朋友。你也知道它们的名字。

这是"胜利"牌。那是小型的"莫斯科人"牌，它只能坐四个人，包括司机在内，所以它用的汽油不多。可是这辆又大又有力气的汽车叫什么名字呢？它一点儿不费力就赶过了"胜利"，赶过了"莫斯科人"，赶过了无轨电车。

这就是"吉斯–110"。"吉斯"的意思就是斯大林工厂。汽车叫这个名字是因为它是在斯大林汽车工厂制造的。

"吉斯–110"可以坐你自己、妈妈、爸爸、哥哥、妹妹、祖母、婶母七个人，司机除外。这是多么大的汽车啊！它跑起来飞快，但是当信号灯在十字路口说"站住！"的时候，它就不得不慢下来，停在那儿。

信号灯并不会说话，而是用符号来表示。它有三只灯，竖着排列在一起：红色、黄色、绿色。

红灯亮了的时候，这就是说："站住！禁止通行！"绿灯亮了的时候，这就是说："开车吧！可以通行！"黄灯是说："别忙！我马上就告诉你，能够通行还是不能够通行。"

信号灯怎么会知道应该说什么呢？难道三只灯就是三只眼睛，能够瞧得见路上能不能够通行吗？不是，它当然什么也瞧不见。是坐在玻璃岗楼里面的警察在看着。警察管理着信号灯，要哪一只灯亮，就把哪一只电门打开。

警察轮流放汽车过去，一会儿放汽车依着我们这条街走，一会儿放汽车依着跟我们的街交叉的另外一条街走。假如没有警察和信号灯，汽车就撞在一起了。但是有些汽车，警察不是轮流放行的。这种汽车一路鸣着警笛在飞跑，在十字路口也不停车。有一辆上面写着："救护车"。通过车窗看进去可以看到担架。担架上是病人。跟司机坐在一起的是一个穿着白衣服的人——医生或者护士。为什么这种汽车总是可以通行呢？因为要把病人赶快送到医院去。

还有另外一种汽车，它一阵风似的跑过去，谁也拦不住它。车上边什么也没写，但是你马上就能认出它来。

红得像火一样的颜色，上面坐着头戴光亮的钢盔的救火队员，又带着长梯和大卷的水龙带，你怎么会认不出它来呢？

救火车毫无阻挡地给放过去。你知道应该不等火烧完房屋就赶快把它扑灭才好。所以，这红汽车跑起来的时候就像飞似的。怪不得如果有人急急忙忙的，人们就说他："你忙什么啦，是去救火吗？"

救火车

在我们的街道上行驶的汽车，每辆车都有自己的事情。

这儿跑来一辆汽车，上面写着"面包"。里面好像一只橱一样，有许多架板，架板上是盛着新鲜的、刚出炉的糖面包的托盘。

这儿有另外一辆汽车，正面写着"鱼"字。它是运鱼的。

这是一辆收拾垃圾的汽车。它帮助人把院落或者街道整理得干干净净。过路的人不要把香烟头和纸屑扔到便道上，要扔到箱子里，扔到垃圾箱里。汽车上有一个很大的槽斗，人们把垃圾箱里的垃圾倒进槽斗，槽斗便自动沿着倾斜的汽车顶往上提，通过车顶上的开口把垃圾倒在车厢里。

还有一辆汽车，也是救护车，只是它不是救护病人，而是救护患病的机器。

有时候，电车或者无轨电车停在半路上。为什么它停住不走呢？因为有一段电线发生了故障，应该把电线修理一下了，但是怎样才会够得着它呢？它被架得高高的。

"技术救护车"马上跑来了。汽车上有根柱子，柱子顶上是一个有栏杆的圆平台。平台上站着人，那就是会修理电线的技工。

柱子开始长高起来，把平台连人一起往上举。看！技工已经够着电线，动手修理了。

无轨电车线路上修理电线的自动高架车。

那儿还有一辆汽车，是扫除路面积雪的。去年冬天，莫斯科的街上有许多积雪。清道工人从一清早便来扫雪,雪还在不停地下着。

雪妨碍了人走路和行车。他们决定把奇妙的铁锹叫来帮忙。你看见过那奇妙的铁锹是怎样工作的吗?它是怎样在街道上行驶,并且把雪扫到两边去的呢?

在街心上,雪几乎一点儿也没剩下。可是顺着便道,堆集了一长列的雪堆,但是并不是把雪放在这儿不管,接着又跑来了一辆汽车,一转眼的工夫便把所有的雪都装到车上去了。

夏天,奇妙的铁锹便休息了。喷水车过来接班,它用水来冲洗街道。这个大喷壶过来了,水从它两侧的两根喷管里喷出来。太阳光线穿过飞沫散成各种颜色,好像万花筒里面一样。

你当然不止一次看到过天空的虹——一端在云里,另外一端在树林后面,但是现在并不是在天空,而是在莫斯科的街道上,也可以看到五彩的小虹。它不是停留在那儿,而是向你这边移动。它就在那水沫的雾里,你伸出手就可以够着它。

我们的街道多么美啊!人行道上到处都是绿荫浓密的菩提树。它们很大,仿佛这些树就是在这里长起来的,但是住在这条街上的人,都知道那菩提树是不久以前才来到这里的。

从前，树木老是站在一个地方不动的。而现在，如果需要的话，人们可以用汽车把它从一个地方搬到另外一个地方去。人们把菩提树连根带土挖出来，为了使树根不至于损伤而且泥土不至于散落，便把菩提树装到木箱里来运输，好像把花装在花盆里一样，但是花是小的，树是大的、重的，怎样才能够把它举起来栽种到坑里去呢？

这时候，起重汽车来接班了。它把菩提树从卡车上卸下来，并且把树根放进坑里。

人们都围拢来瞧机械工人们怎样操纵这辆汽车：机械工人们谁也不出声，仔细地做着自己的事情。

不久以前，在我们的街上，人们把管子铺设在地底

带起重机的汽车正把树木栽种到坑里去。

85

下。人们铺设管子是为了把"西尼奇加"关在里面。

"西尼奇加"是一条小河的名字。它从前沿着地面、沿着街道流动，而现在被人关起来了，像关到牢狱里一样地给关到地下的管子里去，为的是不让它再来危害人。管子是这样大，你用不着弯腰就能够在里边散步。

为了铺设管子，又得召唤那栽种树木的汽车来帮忙了。它像人用手拿东西那样把大管子拿起，把它放到应该放的地方。它是多么灵活，多么有力啊!

你再看看你脚底下的这条街道，也是汽车修筑的。

现在，街道上正好在铺柏油。铺路汽车沿着街道行驶。它正在均匀地铺洒上一层滚热的黑色的柏油，同时，还把它压实、压平，最后用熨斗把它的表面熨平。

自卸汽车也来到铺路汽车这里。这是一辆随便哪儿

自卸汽车把滚热的柏油卸给铺路汽车。

都可以自动卸货的汽车。自卸汽车把滚热的柏油卸给铺路汽车以后，便又重新去装运。你瞧，街心上稀柏油在冒着烟。它很快就变冷、变硬。在它没有变硬以前，就应该把它压实、熨平。为了让汽车跑起来更轻快，没有什么来妨碍它前进，那么街道就应该是平坦的，没有高低的。

人们用熨斗来熨平桌布。为了把道路熨平，也发明了一种熨斗——压路机。这种压路机用手是推不动的，得用强有力的发动机。

你一定看到过不止一次，看样子很笨重的压路机怎样在沿着热柏油路滚动。

普希金工厂制造的五吨重压路机。

现在再来看一下我们的街道。假若没有这些汽车的话，修筑这样的马路是不容易的。汽车帮助人们来建筑房屋，汽车栽种树木，汽车铺柏油路，汽车现在就在那柏油路上奔跑着。

河水怎样到你家里来做客

你拧开自来水龙头，把茶杯接在下面。从龙头里面哗啦哗啦流出一股清澈的冷水。水是从哪儿来的呢？从河里来的。但是你的家离河很远，水是怎样到自来水龙头的呢？它怎么会提高到五层楼呢？

现在这个故事就是要谈谈水的这个旅行经过。大家都知道水是怎样从自来水管里流出来的：把水龙头拧开，水便流出来了。然而，水是怎样流到自来水管里去的呢？

在离城很远的河岸上，矗立着一座塔，它的窗子不是在水面以上，而是在水底下。河水白天、夜晚都通过栅栏流进这个窗子里。

鱼游近了窗子，向塔里面张望，但是没法进去，栅栏不放它进去。栅栏后面还有一面小网，甚至于鱼的孩子们——小鱼也都穿不过这面网。

当然，如果在厨房里连水带小鱼一起从水龙头里放出来，那倒不错。用锅子在水龙头底下接着，那么中饭就有鱼汤喝了。

但是，小鱼只会把水管塞住，却到不了水龙头。

河水里夹杂着许多东西：又是水草，又是木屑，又是树上落下来的叶子……为了别让那些不受欢迎的客人过来，所以在塔上安装了栅栏和网。

周围静悄悄地，连个人影也没有，只是偶尔有个水上警察沿着河岸走过来或者骑着马过来，他是守卫河流的。可是这个地方的规矩是很严格的。这儿不许洗澡，不许划船。这儿也不可以洗衣、牧牛，甚至于随便散步都不准许。

为什么立下这样严格的规矩呢？是为了保护河流。为什么河流还要保护呢？难道还怕人把它偷走吗？不是，把它偷走当然是不可能的。保护它是为了不让人们往河里扔东西，免得把河水弄脏。假如污秽的东西落入河里，它就可能到了水龙头那儿。人们喝了这种水，就会生病。

不但是人，河流自己也会把水弄脏弄混。它沿路冲刷着两岸，把泥土和沙带走。春天的河水特别混浊，因为那时候从四面八方流来的许多小河，把路上夹带上的东西全都带来了。

在春天河水泛滥的时候，或者经过一阵倾盆大雨以后，就会把河水弄成咖啡一样的褐色，或者像牛奶一样的白色，但是这样的咖啡和牛奶是没有用处的。

供给工厂机器用的水也许可以不完全干净，但是供人饮用和洗濯的水应该是干净的。这儿就有一架强力的抽水机，它把水从水塔里用管子送到净水站去。怪不得净水站叫作"站"。水来到这里就缓下来了，在从河流到龙头的半路上休息一会儿。

水在急流的时候，沿路夹带着泥土和沙。山上的泉水甚至把石块也顺着山坡带到河里来。要河流放弃它夹带的东西，就得强迫它流得越慢越好。

在净水站里，水经过有两层楼房一样高的大水槽，它就放慢下来。它带来的泥土就在这儿沉淀下来，留在槽底上。要使泥土沉淀到槽底上更快一点儿，还要做些事情。水里面放进一些东西，这种东西一放进水里马上变成大片白花絮似的东西。你瞧那水槽，水里面仿佛正在下雪一样。

白花絮落到底下，一路上便把碰到的脏东西带到底下。

水扔下了脏东西，从水槽流出去，只是这时候还有一些混浊。

用眼睛去看，这水或许显得挺干净，但是眼睛是靠不住的。假如你通过显微镜去看，就会看见每滴水里面都有一些东西住在那里。最小的像小杆和逗点儿一样的东西就是细菌。

塔上的栅栏和网可以挡住鱼和水草，却挡不住那些肉眼看不见的东西，可是应该想法把它们挡住。你知道

一滴脏水里面住着这些生物。

在这些肉眼看不见的东西中间，就常常有使人生病的有害的细菌。要细菌一点儿也不流到水管里来，该怎么办呢？什么样的关卡能够挡住这看不见的敌人侵入呢？要拦住鱼是容易的，只要装上栅栏就成了。

能不能设置一种甚至于肉眼看不见的细菌也过不来的栅栏呢？做成这种栅栏是可以的，不过它不是用铁条做的，而是用小石子和细沙做成的。

水在那水槽里澄清以后便流到明亮的大厅里。这个大厅是用瓷砖铺地的，中间是甬道，两旁有许多方形的小池塘似的水池。水池底下不是整片的，它有许多孔隙，好让水通过去。底下铺一层小石子，石子上面铺一厚层细沙，水从细沙渗漏过去，污泥和细菌就给拦阻住了。但是你知道，细菌比沙还要小得多，两粒沙中间的空隙

净水站里的滤水器便是这样构造的。

91

对它好像是一个宽敞的大门口，怎么能够拦住它，不让它通过这个大门口呢？

是这样一回事。当河水通过沙的时候，它会使沙上面生成一层细菌和水草做成的薄膜。这层活的薄膜挡在沙粒之间的弯曲的通路上，把过来的细菌都黏附在上面。原来帮助人来清除水里面的细菌的，也是细菌。

那滤水的大厅是空旷旷的，静悄悄的。水在水池里好像一动也不动，简直可以说这里什么工作都没有进行。

沿着甬道有一个人在踱着步，他身上穿着干净的白衣服，脚上穿着毡拖鞋。他把自己的皮鞋脱在门外边，怕把街上的尘土带进来。他好像非常爱看池子里的水。实际上，他是在观察工作进行得好不好。如果水过滤得非常慢，这就是说沙里蓄积的污泥太多了。这个人便走到一块上面有许多电钮的木板前面。他摁一下按钮，立刻便有一些管子关闭起来，同时另外一些管子开了。水便不往那污泥多的水池里流，却流到另外的洗涤干净的池子里面。

从大厅里流出来的水完全是清澈透明的，但是仍旧有一些细菌突围出来。

净水站里有一间房间，那儿桌子上放着显微镜和一些别的仪器。穿着白衣服的人们——化验师——在桌子旁边工作着。他们检查水，观察它是不是带来了人们看不见的敌人。

化验师如果在显微镜底下发现了这样的敌人，便立刻把这件事情告诉给有关的人。

他们对水上警察发出一个命令：去了解一下是谁在什么地方把水弄脏了。也许离净水站几公里以外的地方有人在洗濯病人穿过的衣服，河水给带上了传染病菌。

要杀死这些隐藏的敌人，人们便在水里放一些毒药——黄绿色的有刺激性的氯气。氯气放得很少，对人不会有什么害处。人们喝水的时候连氯气的气味也不会觉察出来。但是对于杀死细菌，这些已经足够了。

水就是这样经过了净水站。它已经可以喝了，但是怎样才能够把它从这里输送到城市的用户家里去呢？

到城市去的路很远，那里的房子又高——有许多层。要让水流到这样远这样高的地方，该怎么办呢？

水在河里流的时候是从高到低的，这时候它本身的重量就拉着它前进。你大概知道：从山上往下跑比从山下往上爬省力得多。所以，水从小溪流到小河，从小河流到大河，越来越低，一直流到最低的地方，流到海里为止。但是水在自来水管子里不是往下流而是往上流，不是往海里流而是往城市里流，不是往容易去的地方流而是往人们吩咐它去的地方流，即使是十层楼也好，水自己是不能够流到这样高的地方去的，应该有一种力量来压着它。因此，水从净水站出来就流到下一站，那一站叫作抽水站。

在抽水站里，有强有力的抽水机把水压到地下水管——水管道——里去。水管道是很大很宽敞的管子，常常有几公里长。

水在水管道里流，就像在一条地下河的河床里流一样，一直流到城市里，到了城市里以后，就分散到比较小些的管子里。

小河里的水是流到大河里去的。在这里恰巧相反，人们强迫大河分散到许多小河里，流到四面八方去。这些小河给关在水管里面，就流到住宅，一直流到最高一层。

你打开自来水龙头，水猛烈地从龙头里流出来。为什么它这样性急地要离开水管呢？因为在抽水站，那强有力的抽水机正用力压着它。

有时候，抽水机要停下来修理。那时候怎么办呢？

难道可以叫住户不用水吗？

不，无论在什么时候都有水储藏在水塔里的。

你或许不止一次看到过一座上面有小屋的高塔。也许你很想顺着那条窄梯爬上去，看一看里面究竟是什么东西。

那上面是一个大圆槽，里面盛着水。这真是一个水池，只是不在地面上，而是在离地面很高的地方——比房屋和树林还高的空中。塔要这样高，是为了从水槽里流出来的水可以受到很大的压力，给压到住宅的最高层去。

钢筋混凝土的储水塔

河水便是这样从城外流到你家里的，它已经把平常带的那些东西——鱼、水草、垃圾、污泥、细菌统统抛掉了。

河水到你家里来做客，并不像在河里的一样，而是清澈透明的。它已经不能够随便流动了。它变得非常听话。要它变成细流流出来还是喷射出来，那就看你怎样去吩咐它了。

把水弄得这么听话送到你这儿，事情真不简单。骑马的或步行的水上警察保护着它，化验师和医生检验过它。工程师和自来水管工人替它修好了长长的道路，并且在路上建造了许多站。

有时候，水不是从河流里来，也不是从湖泊里来，而是从地底下来的。这时候要得到水，就得把地面钻一个孔。地底下的水常常在下面很深的地方，在厚层的沙、黏土和岩石的地层下面流动。钻了孔以后，就在孔里插上管子。如果水在很深的地方，还得安装抽水机，好把水抽上来。这一切工作都不是容易做的，需要有很丰富的知识和本领才行。

现在，当你要喝水或者洗澡的时候，就明白自来水是怎么一回事，并且知道为了把水从河里或者地底下唤到你跟前，让你只要拧一下水龙头就有水用，该有多少人去工作啊！

看不见的工人

我们有一个工人。谁也看不见他，但是每个人都认识他。他什么都会做，而且做起事情来特别快。

早晨你对他说："烧一壶茶来!"

过了五分钟，茶壶里的水已经沸起来了。

你吩咐他："烧饭吧!"

于是粥便在小锅里咕嘟起来——再瞧，它已经从锅边上溢出来了。

需要把衬衣熨平，这个工作他也会做。

晚上天刚一黑，他便把灯亮起来。

客人还在楼梯上，他便嚷着："快来开门!"

有了他，你不会感到寂寞。他还会唱歌、讲故事。

他是这样伶俐、听话! 你刚挥一下手，他便懂得你的意思，赶紧把你要他做的工作做好。

他不但在家里帮助大家，就是在街上，没有他也不行。

你要到城市的那一端去，如果徒步慢慢地走，勉强走到了，也得花一整天，而他只要一刻钟工夫便把你送到那里。

他虽然没有手，却是一个万能的技师。在建筑房屋的时候，他把砖瓦搬到上面去。在工厂里，他切削钢铁。在磨坊里，他磨面。在制鞋厂里，他帮助人缝鞋。他随叫随到。白天夜晚，他时刻在准备着去做工作。

电流烧热电熨斗、电炉和电茶壶，点亮电灯。

这个敏捷、听话、不知疲倦的工人，他是谁呢？他叫什么名字？他又是从哪儿来呢？

人们都叫他——电流。至于他从哪儿来，你马上就会看到。

你看一看电熨斗、电茶壶、电炉、电灯。这些东西都是各不相同的，但又有些相似的地方。什么地方相似呢？茶壶、熨斗、灯、炉子都有一根长尾巴——电线。这根电线就是电流通过的道路。

你在桌子的抽屉里找出一根电线来，把它外面裹的衣服剥下来。它外面穿的衣服是布做的。布衣服里面是橡皮衬衣。你把这橡皮衬衣剥掉，才看到电线的真面目——一束细铜丝。电流就是沿着这些细铜丝，流到灯或者茶壶里的。

这就是电线和它穿着的衣服：1. 棉纱做的外皮；2. 橡皮绝缘体；3. 细铜丝。

给铜丝穿上橡皮衬衣，是为了不让电流跑到不该去的地方。

假如电流正沿着电线走，而电线是赤裸的，就不要用手去摸它，否则电流便要从电线跑到你的手上去了。一转眼工夫，它便通过你溜到地下，这就会使你受不了。你虽然看不见它，但它咬起人来很痛。如果电线穿着橡皮衬衣，那电流就不可怕了，它不能够穿过衬衣跑到外面来。

可是电流是从哪儿跑到电线里去的呢？它要跑到电线里去，走的路才长呢。

那在每个电茶壶和电炉上都有的电线，不过是个小巷。当你把插头插到电门里的时候，便把这个小巷跟大街联结起来。大街就是那根沿着墙壁走到天花板，后来又沿着天花板走到前室去的电线。你当然看见过前室的电表和木板上的瓷保险盒。电表是一种计量表，它老是在计算着电流在炉子里、灯里、茶壶里做了多少工作。而瓷保险盒是警卫员。它站在电流流进住宅的地方。只要一切都

保险盒。当住宅里的电线有了毛病，保险盒里的细丝就会烧断，电流就过不来了。

正常，电流就不会闯什么祸。可是如果电线上发生了一些事故，电流就可以把电线烧红，并且会引起房子着火。

这时候保险盒警卫员就对电流说："站住！不许过去！"

它这句话是怎么说的呢？是这样说的。

电流要流进你的住宅里，一定要先通过保险盒上的细丝。电流只要把细丝烧得稍为过火一些，细丝就会烧断。这时候电流的通路便立刻断了。不断是不可能的。

保险盒好像跟电流说："把电炉和电熨斗烧熟，这得劳驾你。如果把电线烧着了，这事情我可不答应。我放你进屋子里来不是为了干这个的。"

那么，电流到底是从哪儿来到屋子里的呢？它不像人一样是在地面上走来的，而是在地面下过来的。

汽车、无轨电车、公共汽车在大街上奔跑。这每个人都瞧得见。但是那些在大街下面、在我们脚底下正在做些什么，就不是每个人都懂得的了。在那黑黝黝、静悄悄的地方，从河里来的清洁的水正沿着管子流动着。水流进房屋，升到各层楼上，让人们可以洗澡、煮饭、洗衣服。

离自来水管不远，在街道的下面，铺设了另外一种管子——排泄雨水的管子。

有时候，城市里面下起倾盆大雨，好像什么都给淹在水里了，街道变成了河流。可是雨住了之后，水也没有了，只是柏油路面经过水的冲洗，变得又黑又亮。

水藏到哪里去了呢？

它顺着人行道旁边的斜槽流到街道上的格子板那儿，通过格子板泻注到地下的管子里去。这些管子把水引到河里去。水应当是在河里流的，而街道应该是干燥的。

在街道下面，沿着管子流的，还有煤气，就是那在厨房的炉灶里面和洗澡间的热水器下面发着蓝色火焰燃烧的气体。

煤气是远方来的客人。它从伏尔加河岸来到莫斯科。那里，在萨拉托夫城附近，人们从地底下开采出煤气，把它沿着好几百公里长的铜管输送到莫斯科。

莫斯科的街道上，有人和车辆在不断地流动着，而街道底下，也有各种东西在流动，而且流动得更起劲。在街道底下流动的，有一种就是电流。地底下给电流流动的道路，不是像房间里那样的细电线，而是粗得像管子一样的地下电缆，电缆里面有许多铜丝。这些铜丝都穿着用橡皮、涂焦油的布和金属制成的结实的衣服，使得电流不会传到外面去，保护电缆不损坏。

在一根电缆里，电流正带着电话里的谈话在前进。在另外一根电缆里正在传送着电报。而第三根电缆里传送的电流，是为了照亮房子、烧热熨斗和茶壶、带动电车、开动工厂里的机器的。

那么这个"电流工人"是从哪儿到地下电缆里来的呢？

原来它是诞生在发电站里的，从那里向四面八方分散，顺着地底下和地上的道路到住宅，到工厂，到电车和无轨电车的发动机里。

如果你有机会到发电站去，就会看到一间又高又长的大厅。大厅是这样长，你走了一百步还没到头。

在大厅的一面，你看到有一排炉灶，跟平常炉子的样式相像，只是特别大。通过炉门可以看到明亮的火焰在闪耀着。大厅的另一面，墙上全是用玻璃和光亮的金属制成的仪器。玻璃后面有指针在左右摆动。在这下面的墙壁上是长长的一排按钮和小轮子。

墙壁附近，一个机械师正背向炉灶站着。他正在看仪器，一会儿去摁摁按钮，一会儿去转转轮子。好像司机在驾驶汽车或者舵手在驾驶船只一样，机械师大概也正在驾驶着什么。那么他正驾驶着什么呢？他在指挥火、水和空气。

火在炉里燃烧着，水在炉灶上面的大锅子里沸腾着。空气正顺着管子通到炉灶里去。那是鼓风机把它打进去的。要空气干什么啊？为了使炉子里的火燃烧得更旺。那么要火干什么啊？为了把锅子里的水煮开。

把锅子里的水煮开又是干什么呢？为了锅子里有蒸汽可以顺着管子输送出去。有了蒸汽干什么？蒸汽顺着管子走到另外一间同样高大的厅里。那里有很大的蒸汽涡轮机。涡轮机是里面有轮子的一种发动机。当一股有力的蒸汽通进涡轮机的时候，轮子便很快地转动起来。

为什么让轮子转动呢？是为了牵动另外一架机器，这架机器就把轮子转动的能量转变成电流的能量。

我们最后走到电流诞生的地方了。我们已经懂得，那一下会照亮许多街道、推动无轨电车、在工地上把砖瓦搬到上面去的电流，是从什么地方得到这样大的力量的。原来电流的力量是从蒸汽里得来的。而蒸汽的力量是从炉灶里燃烧着的煤得来的。

现在，当你把茶壶或者灯通上电流的时候，就明白看不见的电流是怎样发生的，它从发电站到你的房间，要走多么长的一段路。

信的旅行

有什么东西啪的一响，门口溜进来一个新客人。一线微弱的光从外面透进屋子里来，照亮了聚集在那里的各种东西，一下子光又没了。

这是一间古怪的屋子——连一扇窗子都没有，门开在天花板上，地板是可以抽开的。客人们也不很平常：他们里面有许多都穿着白色、天蓝色、玫瑰色、蓝色的纸做的衣服。

给信住的小屋——邮箱

应当补充一句，这间屋子是很小的——不是大房子而是小屋，它外面给漆成绿颜色。这样说你大概可以想出来，上面说的是一个最平常的邮箱，聚集在里面的不是人，而是一些信。

那边是一些套着各种颜色信封的信。那边是一些印着图画的明信片和一些没有图画的明信片。信封上贴着色彩鲜艳的邮票，邮票上画着学者和作家的像，画着飞行员和采矿工人，画着轮船和飞机。也有正面完全没有邮票的信封。这个没有邮票的乘客，显然是要等它到了指定的地方才付旅费。

每封信都有自己的特性，这个特性，即使不打开信封也可以断定出来。公文信从信封上用打字机打的地址就很容易辨认出来。孩子们的信老是把字写错。明信片愿意把人家托它传给某一个人的话泄露给每一个碰到它的人。它的性格是多么直率啊！可是那信封却把秘密保守得很紧，看样子是不会把它们捎带的悲喜消息告诉其他人的。

很少有两封信完全相像的。那些信虽然暂时碰到一起，但是马上就要分手。有的准备去做一次长途旅行，翻山渡海，穿越森林和草原。有的却只要到市里的别的街道上就打住了。

屋顶上不断地啪啪地响，一个个新客人来到这间小屋里。它们拥挤在一起。忽然它们脚底下的地板活动起来，大家差不多全从屋子里跑出去，但是信并没有掉到街上。它们全都落到邮递员放在底下的口袋里。

只有一张画着鲜艳图画的明信片，紧挨着墙壁，留在那里不下去。可是人家不会把它忘掉的。邮递员把手伸进邮箱里搜索，一下子就搜出那个想玩捉迷藏游戏的明信片。

从这时候起，信便开始了旅行。

口袋给装到汽车上，送到邮局，跟别的同样的口袋放到一起。

我们把信投进了邮箱以后，就不必去担心它在路途上的情形。我们知道，只要信封上写得明白，它即使走到茂密的西伯利亚的大森林里，或者走到高加索的山里，也不至于迷路。

假如把这些所谓住址的有魔力似的字写得正确，信便会恰好送到它要去的地方。

那么它是怎样去寻路的呢？

那是在邮局里工作的人们帮助它寻的。

邮局里的工作人员看信应该送到什么地方去，把它们分别放开。在邮局的大办公室里，墙上装着一格一格的格子，就像前端敞开的抽屉。每个格子里都放着走同一条路线的信——比方说，所有应该

邮局里的工作人员在拣信。

送到列宁格勒的信和莫斯科跟列宁格勒之间各站的信。

把走同一条路线的信打成一个包裹，把包裹装到大口袋里，用火漆把口袋封好，然后放到活动的传送带上。这个传送带会自动地把信送到院子里的汽车上。

现在，这些信已经飞奔到车站，赶上了快要开行的列车。

机车的汽笛长鸣起来，一节节车厢之间的车钩咯咯作响，列车开动了。

旅客有的从车窗向外张望，有的在看书，还有的在打瞌睡。但是在邮政车厢里的人从来不往车窗外张望或者打瞌睡。他们正匆忙地把信件分拣到车厢隔板上，使得没有一封信会错过站点。然后把所有应该在同一站离开火车的信又重新聚集在一起——一捆一捆地放到口袋里。

列车停在树林中间的一个小车站上。在这一站只停车一分钟。可是要把邮件袋传递出去，或者简单把它搁

信就坐在这样的车厢里旅行。

107

在月台上，你说会花很多的时间吗？人们早已在那儿等着那些信了。人们把它送到车站旁边的邮局去。经过个把钟头，乡村邮递员已经沿着村子里的街道走着了。

集体农庄的孩子们都跑到他跟前去："把报纸给我们！有我们的信吗？"

有一个孩子特别高兴，因为他带回家去的，不单是报纸，还有一封从莫斯科寄来的又大又厚的信。孩子们都用羡慕的眼光望着他。大家都知道，他接到的是谁寄来的信：是从莫斯科念大学的哥哥那里寄来的。

过了两天，把各家写的信收集起来，就变成一封更厚的回信，在往回头的路上走。

它从挂在村苏维埃墙上的信箱走到村邮局，再从村邮局到火车上的邮政车厢，从邮政车厢到汽车，从汽车到莫斯科邮政总局。

信封上写着：

尼古拉·伊凡诺维奇·谢尔盖耶夫收

村子里全认识他。可是在莫斯科就没那么容易去寻找尼古拉·伊凡诺维奇·谢尔盖耶夫。莫斯科有多少街道，每条街上有多少房子，每座房子里有多少层楼，每层楼里有多少人啊！

假如信件在邮政总局，也像村镇里的邮局一样，就分配给邮递员，而邮递员也是徒步去送信的话，那他们不得不从城市的一端步行到另一端。你知道这并不是个小城市哩！从城市的这一端到另一端有好几公里远。

为了使信件很容易送到，人们把城市划分成几个邮区，每区设立一个邮政分局。如果信上写的住址是"莫斯科第四十区"，这就是说，这封信应该从邮局送到那条列宁格勒街上的第四十区邮政分局里去。但是要知道寄到莫斯科来的并不是一封信。火车从四面八方来到莫斯科，并且带来几十万封信。

怎样把这堆积如山的信件很快分开，好知道应该把它们送到哪里去呢？时间是不能够浪费的。要知道，信件是不应该被长久耽搁的。

假如有人写信告诉你："我要在五日下午三点钟路过莫斯科，请你到时来车站会面。"然而你知道这件事情不是在五日，而是在六日，那时候火车早已开走了。

要使信件不长久地搁在邮局里，应该很快把它分开，并且分发到各邮政分局去。不论在工厂、矿井或者矿山里，到处都有机器帮助人操作。邮局里也有减轻劳动、加速劳动的机器。那里，有在信件上自动盖戳的机器。它工作起来是这样地快，一小时的工夫可以盖好三万封信的邮戳。

那里，有办理电汇的管子。把汇款塞到一个长长的圆筒里。压缩空气便把这个圆筒沿着管子从办理汇款的大厅送到那个装设着电报机的大厅里去。

最奇妙的机器就是那按照邮政分局的号数把信件自动分开的机器。

这架机器是那样地高大，几乎占满了整个房间。房间的一边坐着一排拣信员，他们正摁着上面写着号码的按钮。另外一边的墙上是箱子，有多少邮政分局，便有多少箱子。

拣信员拿起信，看上面写着"莫斯科四十区"，便把它投进机器，同时摁一下上面写着"40"的按钮。信便穿过机器恰好落到第四十号箱子里。

那里还有打捆机在工作着。它把所有该发往某个邮政分局去的信件捆扎在一起。

几分钟以后，邮袋已经在那列宁格勒街上奔跑着了。在邮政分局里信件再按照地段被分开来。每个邮递员都有自己服务的地段，他们对这个地段就像对自己房间一样熟悉，甚至在黑暗里也不至于迷路。

最后，从集体农庄来的信件到了一个钉在一家住宅的大门口的信箱里——大学生谢尔盖耶夫就正住在这个住宅里。

我们对于邮局已经这样地熟悉，甚至于不拿它当作新奇事了。

苏联的邮递员

我们知道，即使是过去我们没有寄过信的地方，信件也一定送得到。假如这个地方距离铁路线远，信便从车站继续用汽车运去。假如路上有湖泊或者海洋阻隔，便用轮船运去。如果火车、轮船、汽车都到不了，信便用飞机运去。

放信件的最后一个箱子：住宅门口放信和报纸的信箱。

在苏联，就是在北冰洋上，也没有这样的小岛，那儿的人是跟家庭不通音信的。在辽阔广大的苏联，邮局、电话、电报把所有边区、所有城市和村镇都联系起来。现在当我们从书本上读到从前的人们在通信上的困难情形，甚至于很难相信。

十月革命以前，俄国还没有乡村邮递。不但在乡村里，就是在比较大的村镇里，邮箱都是稀罕的东西。要从乡下寄一封信，得坐车到城里的邮局去。没有铁路和轮船的地方，邮递不是用汽车，也不是用飞机，而是用马和骆驼，用狗和鹿。有的人到了北方边区或者沙漠，便杳无音信了。他的家属也不知道他是死是活。

如果再往前说，我们知道，离我们也并不算太久远，那时候甚至在京城里，也把邮政当作新鲜事。

一百年前，莫斯科还连一个邮箱也没有。那时候人们寄信并不送到邮局去，而是送到一个卖面包、肥皂、干鱼之类的狭小的杂货铺子里。

小铺的门口写着："收寄市内邮件"。

那时候也没有邮票。

如果寄一封信，该付给掌柜二十个戈比①。

邮递员每天到小铺来三趟，收集信件。

邮递员的外表看来神气十足：头上是漆皮的没边的

_____

① 俄罗斯等国的辅助货币。

帽子，上面有铜的双头鹰章，身边佩带短刀。假如他要带着信件到别的城市去，还要挎着军刀。既然需要随身携带武器，可见邮政必定不是十分安全的事情。

信件用套着三匹马的四轮马车运送。

路是那样不平，马车里面坐在邮包上的邮递员给不平的路面颠得东倒西歪。有时候，邮递员从车里给扔出来，那赶车的还不知道，仍旧催打着马匹向前赶路。

特别是赶上坏天气，路上泥泞的季节，那邮递员就更倒霉。

对于信件说来，是更糟糕了。它时常丢失。有时候信寄出以后要过好几个星期才能够收到。当新闻已经过时，变得不是新闻的时候，人们才知道它。

应当记住这个时候，好来真正地评价我们现在的邮政事业和千百万邮务工作人员又准又快的工作，这些邮务工作人员缩短了最遥远的乡村和我们之间的距离。

远方来的客人

在你父亲工作的那个工厂里，俱乐部大厅的中央放着一株云杉。高高的云杉顶着天花板。真有趣，这样的云杉是从哪儿找来的啊!

云杉生长在树林里，从来没有想到会在它那茂密深绿的针叶上燃起五彩的灯火，亮起红色的灯泡，从上到下拉着金线和银线，枝上悬挂着非常有趣的玩具。云杉从来没有想到，过去那只藏小兔和长白蘑菇的地方，现在会搬来红鼻子、大白胡子的圣诞老人。在那像塔尖一样的高耸的树梢上，还有一颗光芒四射的大五角星。

这样的云杉是从哪儿找来的啊?

你和你的同伴们手牵着手，围绕着云杉欢乐地跑着。你们快乐地做着各种游戏，伴着音乐唱歌、舞蹈。当这个新年的儿童节日结束了的时候，你们乐得简直不想回家去! 然而你并不是空着手回家的。你和别的孩子在俱乐部里都收到了礼物——一只红色透明的玻璃纸做的口袋。

口袋里还盛着一些东西。

首先是又大又红的苹果。它从遥远的地方来到你的手里。夏天它藏在高大的苹果树的叶丛里。这种像橡树一样结实的苹果树生长在积雪的高山的山麓上。它如果

114

稍微身小力弱一些，就会承受不住大苹果的重量。在这个地方有这样多的苹果，人们甚至于用"阿拉木图"来称呼这个地方。这句卡查赫话的意思是"苹果的父亲"。从阿拉木图到莫斯科很远。为了赶上新年，阿拉木图的苹果早一星期就得上路。它沿着铁路，穿越沙漠和草原，穿越森林和山岭。当列车在车站停下来的时候，人们都说："好香啊！装在车厢里面的准是苹果。"

口袋里，跟苹果放在一起的是橘子。

橘子也是远方来的客人。它是从黑海沿岸来的：那儿从来没有冬天，一年四季像春天一样温暖。所以在那个地方能够种植怕冷的橘子树和柠檬树。冬天它们的叶子不脱掉，不像那些苹果树或者红醋栗，而是永远绿色的。

那里也有茶树。它们成排地生长在山丘的斜坡上。用它的叶子可以熏制茶叶。

那里有整林整林的柠檬树、橙子树、橘子树和石榴树。当石榴树开花的时候，树叶里好像藏着一盏盏的红灯。柠檬树的花朵是淡红色的，而橙子树的花朵好像是用白蜡做成的。

在沉重的果实把树枝压弯了的时节，那儿的气味是多么芬芳啊！一株橘子树或者一株橙子树的果实差不多可以装满整整一卡车。

除了苹果和橘子，口袋里还有饼干。它是在莫斯科糖果厂里用面粉烘制出来的，而面粉是人们用集体农庄田野上收获的麦子制成的。

除去饼干以外，袋子里还有水果糖和巧克力糖。它们也是在糖果厂里制造出来的。

为了在红口袋里有你心爱的苹果、饼干、橘子和糖果，得有多少人去劳动啊！

你想象一下，假如你一定得自己去碾麦子，自己去提炼奶油来做饼干，自己用甜菜做出糖来制造糖果，在阿拉木图照料苹果，在格鲁吉亚把橘子从树上摘下来，那么，你会变成什么样子。你就不得不一下子在好多地方工作，并且不是用两只手而是用一千只手去工作。

然而，现在有园艺家和农民、面包师和制糖果工人、工厂工人和铁路工作人员来关怀着你。人家送给你的好吃的东西，得从四面八方运到莫斯科来。它们旅程上的终点站就是大商店。

你大概不止一次到过商店。

你在那儿看到鱼在鱼缸里游来游去。你舍不得离开水果部，那儿，克里木和高加索、阿拉木图和塔什干的果园里的芬芳气息都混合在一起。冬天，你喜爱那顶着天花板的云杉。所有的售货部——什么肉类部、蔬菜部和糖果部啦，你都走遍了。可是你只是看了商店的半个部分。还有另外一半，顾客们是走不过去的。

当你跟着妈妈逛商店的时候，你不知道，在你脚底下还有另外一个商店——地下商店。所有柜台上出卖的东西都是从地下来的。

住宅里的电梯——升降机——是供人使用的。可是，在商店里，升降机是搭乘苹果、梨、面粉、糖、牛油和肉类的。

当上面柜台上的东西卖完了的时候，盛着货物的箱子、桶、包、筐便从下面乘着升降机上来。

肉类部底下有个地下肉类部，鱼类部底下有个地下鱼类部。同样地，在每个部底下，在商店的每间房屋底下都有地下室。

假如你走进地下肉类部，就会看到，好像是夏天里来了冬天。你看到那沿着墙壁的管子上挂着白霜。从你嘴里呼出来的气，也像在冷天那样凝成了白雾。

冷气是从哪儿来的呢？

那儿的冷气是用机器制造出来的。

你家里有暖气管，可是在地下商店里，却有冷气管。机器把冷的液体压进管子里去，使周围的空气变冷。

商店的上一层有许多人。柜台后面站着售货员，柜台前面是顾客。

在地下商店里，人却非常少，一个售货员也没有，一个顾客也没有。然而工作在进行着。人们在这里把货物准备好以便出售：称好的白糖，切好的肉，挑好的分开放着的水果。

这里，穿着白衣服的女工人把橘子放到一块木板上。板子上有许多孔。小橘子通过小孔漏下去，大的却漏不下去。女工人这是在干什么啊？当然，不是为了好玩。她正在按着大小个儿把橘子分开。光用眼睛来比较是不行的，很容易弄错。应该把橘子按大小分开：大的价钱就要贵些。

在乳品部的笼子里放着鸡蛋。笼子下面有电灯。假如鸡蛋是坏的，马上可以用灯光照出来。这里，牛油、肉、鱼、苹果、梨、葡萄都要在地下室里经过检查。如果它们在装运来的路上腐烂了，就不再往上面送。人们检查它们的颜色、滋味和气味。

如果必要的话，还要把它们送到化验室去检验一下。

化验室里有许多仪器，它们比人的鼻子或者舌尖的感觉还要敏锐。它们能够马上告诉人，牛奶或者牛油里面有没有看不见的、引起腐烂的细菌。

在下面，在地底下所以要这么冷就为了不让那些不受欢迎的客人——细菌、微生物——钻到商店里来。它们是不喜欢寒冷的。

你有没有在冬天吃到过冷冻的草莓或者扁豆呢？冷气可以不让草莓和扁豆腐烂，使微生物不能够侵入。就正是这冷气替你把夏季延长到一月：让你在一月里可以像在七月里一样地吃到草莓。

微生物会从各式各样的路径钻到商店里来。它们会沾在人的衣服上和手上走进来。它们会沾在苍蝇的脚上或者直截了当地就跟着空中的灰尘一起飞进来。

要使苍蝇不能够落到货物上，就应该把货物罩起来。但是货物同时又应该敞开来，好让顾客们瞧得见柜台上放着些什么东西。怎样解决这个又要罩上又要敞开的问题呢？是这样来解决的：柜台上装上玻璃。通过玻璃，什么都瞧得见，苍蝇却没法钻进去。

从前，在这个商店的地方原来是个小铺子。招牌上写着"杂货铺"，因为那里贩卖的都是些零碎东西。架子上，肥皂和面包摆在一起。人们到这样的小铺子里去买蜡烛和馅饼。鲱鱼桶旁边放着一大桶酸酒。铺子里的苍蝇赶都赶不掉。

苍蝇是随货奉送的。人们在铺子里买面包，面包里就有苍蝇。当你把一杯酸酒送到嘴边的时候，酒里面也有苍蝇。铺子里的糖看上去一片黑色，原来上面停满了苍蝇。窗台上，苍蝇正在举行宴会。那儿陈列着卷心菜、黄瓜和鱼干。

小铺子的掌柜从来想不到：货物应当收藏好不让苍蝇接触，因为苍蝇会传染疾病。掌柜的只想一件事：怎样再多赚些钱，至于其余的事情就跟他不相干了。

现在的商店已经完全是另外一个样子了。国家关怀着顾客们的健康。你知道到商店来的人既然是国家的主人，也就是商店的主人。

我们街上早就没有那个小铺子了，也没有那开设小铺子的两层楼的瓦房了。在那原来开小铺的地方，现在是一座大房子，整个底下一层是"食品商店"。商店里是清洁的，柜台上都装上玻璃来防避苍蝇，玻璃柜里陈列着玩具苹果、黄瓜、馅饼，香肠。有时简直让你分辨不出来这些玩具苹果的真假。它们摆上一年也不会腐烂。

微生物不但会从苍蝇的脚上带进来，也会从人的手上和衣服上带进来。顾客在走进商店的时候不一定要洗手。他们是禁止用手摸食品的。对售货员却有条规定：常洗手，要洗得干净。指甲脏就是犯错误。

售货员好像医院里的护士一样。他们也穿着白衣服、戴着白帽子。那儿也有医生。他密切注意着商店里面对微生物作战的情形是不是正确。但是，看到大商店，比想到医院更容易联想到的是工厂。那儿有成百个人和许多机器在工作着。

卡车把货物装到院子里。一辆车上写着"面包"，另外一辆上面写着"肉"，第三辆上面写着"杂货"。转运机器把箱子、大桶、袋子从院里搬到地下仓库。苹果箱子放在又宽又结实的传送带上，这个传送带自动把它带到储藏苹果的地下室去。

机器用锯来切肉。

在上一层，机器在商店里开发票。

你大概看见过会计员在收款处摁按钮。收款的机器会自己在发票上盖戳，自己撕发票，自己把发票送出来，同时，它还通知人们一共收到多少款。在它的小窗口上跳跃出数字：几个卢布①，几个戈比。

再瞧那秤吧！这也是灵巧的机器。它用不到砝码。秤自己会同时告诉售货员和顾客，它称了多大分量。原来它上面有两个指针和两个字盘，一个在前，一个在后。

售货员把货物放到秤上，指针便动起来。现在该来看一下，它停在哪个数字上：假如它指着"400"——这就是说，货物重四百克。

商店里整天都在进行工作。汽车从车站，从码头，从工厂，把面包、牛奶、牛油、苹果、糖运送到商店去。

在地下仓库里，储藏着从全国各地搜集来的那些地面上饲养的、水里面养育的、阳光底下栽培的、靠许多人的劳动收获的东西。

---

① 俄罗斯等国的本位货币。

二　东西是从什么地方来的

你的玩具朋友们

你已经不是小孩子了。每天早晨你起得很早去上学。你很荣幸地有了书、练习簿、彩色铅笔。可是你的老朋友——玩具，你却不大想起了。

它们早已隐居在橱子最下一层的抽屉里。那儿堆着积木、陀螺、不倒翁和有发条的小汽车。但是我劝你不要抛弃你的老朋友，它们对你还是有用处的。有时候玩具给你解释起某些道理来，并不比书本差。

你看见过海里的大船吗？

即使在大风浪里，大船也只是摇呀摇的，并不会翻

123

身。可是春天的时候，当你把自己做的小船放到小河或者水洼里去，它却时常船底朝天翻转过来。这都是由于你不去请教不倒翁的缘故。

为什么不倒翁总是那么固执呢？为什么你每次把它推倒，它又站起来呢？因为它头轻脚重，在它的下部放着铅来增加重量。

大船也是个不倒翁，不过十分大罢了。人们特地把重物放到船的最下部——船舱里。而小帆船——快艇——的龙骨是用铸铁或者铅制成的。

这就是大船在海里不翻身的原因。

在你的玩具里还有别的脾气固执的家伙——陀螺。当你把它抛出去的时候，它可以用它的一只细腿旋转半天。如果你推它一把，它便气愤地发出嗡嗡的声音，把腰伸直，使足劲头，一直旋转到倒下

帆船也是个不倒翁：底下黑的部分表示铅做的龙骨，在帆船歪斜的时候会把它转正过来。

旋转着的陀螺使劲地直立着，好像谁也推不倒它似的。

为止。

看来，从陀螺那儿可以得到什么好处呢？

它就是跳跳，没有意思地转转，不过这样罢了。然而不但是孩子们尊敬它，连成年人也尊敬它。科学家关于陀螺写了不少书。而工程师靠了它的帮助，制造了许多灵巧的机器和仪器。

有一种仪器在船上会给海员们指示航路。

还有一种仪器用来代替舵手，它可以不用人来操纵，自己就会驾驶船只朝着船长指示的方向前进。

陀螺的固执性情对人是有用处的。可以叫它旋转起来，老是指着北方。叫它不让船只在航路上拐到一边去。

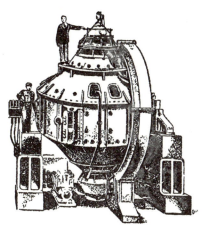

装在大海轮上的这个很大的机器里面，有一个重六千六百普特的陀螺仪。它旋转起来可以叫轮船走在大风浪里也不至于摇荡。

125

你的旧玩具堆里还有些什么？你去把它扒开来看看。在那儿你找到一只暗黑色的铁环和一根小棍。

你过去有多少次赶着这个铁环，沿着道路，沿着沙地或柏油路飞跑啊！你把它放在地上站着不动，它便翻倒在地上。可是当你用小棍推着它，它便笔直地跑去，好像你一点儿也不能够决定它往哪边倒——倒向右边还是倒向左边。

铁环对人也有用处。你知道自行车车轮就是铁环。要使它不倒下，便应该老是

滚动着的铁环倒不了。

赶着它走——只是不用手，而是用脚去踏脚蹬。

在玩具堆里还保存着一辆奇异的有发条的汽车。那是你还很小的时候人家送给你的。汽车呜呜叫着离开你的手往前直冲的当儿，你心里是多么快活！它的性格是顽强的——在随便什么道路上都不退缩。

有时候它往前飞跑。前面有条桌子腿。如果是别人也就拐到一边去了，它却不是这样。它一直朝着桌子腿飞奔过去说：躲开，不躲开就碾着你了。

可是桌子腿也有它自己的规矩。它一点儿也不理会，

126

一点儿不离开原地。本来，桌子有腿难道是为了走路的吗？

结果，汽车撞到桌子腿上，四轮朝天地翻倒了。然而它还不肯安静下来。它背贴在地上，像甲虫一样地嗡嗡响着，发条还没松完，轮子还在继续空转。

有一次由于这样的汽车失事，它丢掉了一只轮子。发条因为上得太紧也绷断了。从此以后它只能被用绳拉着前进了。

虽然这样，这辆残废汽车还是会有些用处的。

假如你把它的零件拆开来看看，可以懂得它的内部构造。同时你也就会更好地理解到钟表是怎样构造的。

你知道，钟表和有发条的汽车是很近的亲戚。钟表里也是用发条来代替发动机的。要使钟表走动，也一定要上好发条。发条是个固执的东西。你把它拧紧了，它偏爱松开。

但是人会利用固执的东西。他们对发条说："好的，就是这样，让你松开吧，但是要顺便干点儿活。现在把齿轮交给你，你把它旋转起来。这个齿轮还连着别的齿轮。那个齿轮就会使指针转动起来。指针就会指示时间。"

在玩具堆里还放着一个红色的皱的小口袋。

这曾经是很漂亮的气球。

你还记得，它是怎样来到你手里的吗？

有一天，你跟着父亲出去游玩。街上有卖气球的。那个小贩的头上飘着那么些红色的、浅蓝色的、深蓝色的气球，你真替他担心，怕忽然吹来一阵风，把他连他的货物全给吹走了。

你挑选了一只最美丽的气球，把它系在衣扣上，怕它飞掉。到了家里，你把它放了。它就离开手心去散步——只是并不是顺着地板，而是顺着天花板。你不得不把椅子和桌子叠起来，去捉这个逃亡的家伙。夜晚，

你挑选了一只最美丽的气球。

人们劝你把气球系在小窗户上，把它放在窗外的新鲜空气里，好让它多活些时候。第二天早晨，你却很懊丧地看到，气球变瘦了。

它已经不会升高了，而是像小皮球一样从桌子上跳到床上，从床上跳到地板上。它一点儿一点儿地变得瘦小了。当时你想不通，为什么气球开始会飞，后来却飞不起来了。现在你长大了，可以懂得这个道理了。

虽然它叫气球，可并不是用空气来装满的：它里面装的是比空气还轻的一种气体。因此气球才能够在空中飘游，就像软木塞在水面上漂浮一样。等气体穿过气球上一些什么小孔跑出来的时候，气球便收缩起来，再也不能够飞了。

你的气球再也飞不到天花板上去了。

有一些气球——也并不大，它们却给科学家带来很大的好处。在气球上系一只小盒子。盒子里面放着科学仪器。把气球放出去，它

橡皮气球帮助科学家了解高空的天气。这幅图表示怎样从氢气筒里把氢气灌到气球里去。

便飞得高高的，一直飞到看不见的地方。

科学家坐在自己的房间里。气球通过上面的无线电告诉他们，上面是什么天气，是不是很冷，是潮湿的还是干燥的。气球上升到鸟类和人类从来没有到过的高空。那儿非常冷，呼吸很困难——空气不够用。然而仪器不需要呼吸。所以人们才打发仪器代替自己到那里去。

气球上升到很高的地方，它便爆裂开来。但是科学

家早就想到该怎样做，免得系在气球上的盒子掉下来摔得粉碎。它刚一开始掉下来，一面小降落伞便张开了。那空中仪器旅行家便平安地落到地面或者挂在树林里面的树枝上。这时候，便总有人会找到这些仪器的。

碰巧，孩子们到树林里去，没找到蘑菇或者野果，却捡回来这个奇怪的盒子。他们把盒子拿在手里，翻来覆去地看个不休，到头来看到了放在里面的字条。那字条上说，请把盒子寄送到什么地方去。仪器旅行家便这样地回到家里——它们起飞的地方。

你的小气球还有别的弟兄——大型气球。它们的力气大得很，不但自己会升得很高，还带着人——在大吊筐里或者在那有小窗的紧闭的舱房里。

在你的抽屉的最下层还可以找到风筝的残骸。这个风筝是你亲手做的，用轻木片做的框子，用树皮做的尾巴。

你还记得怎样跟你的朋友一同去放风筝吗？你的朋友拿着风筝，你松绳子。

起初风筝颠颠倒倒地不肯上去，它总是

你的老朋
友——风筝

沿着地面拉拉扯扯，尾巴钩住树丛，或者在半空中翻筋斗。后来，当风从底下把它托住的时候，它是多么高兴地升到你的头顶上——越过房屋，越过树木。你把线一松开，风筝便把它拉得这么紧。虽然你是沿着地面跑，可是心里的高兴劲，就仿佛跟风筝在一起飞翔一样。因为这是你亲手做的啊。

风筝也替人们做了不少事情。在科学方面它是有功

绩的。风筝跟气球一样，也帮助人们研究在那离地面很高的地方发生的事情。那时候还没有无线电。所以风筝上要系上会写字的仪器。这些仪器会自己记录它们测量到的一切：温度和气压。以后，把风筝拉回家来的时候，科学家便拿起它的

制造世界上第一架飞机的俄国人莫札伊斯基，开始试验把自己发明的风筝放到空中去。

131

日记本，看上面写的东西。

然而风筝还有另外一件功绩——更大的功绩。他帮助人们制造飞机。人们瞧见它，便想：风筝比空气重，但是会飞。可见，人不但可以用气球来飞，还可以用风筝来飞。人们就开始思索，制造，试验。人们到底想出来滑翔机，后来又想出来飞机。

滑翔机跟飞机相像，只是没有发动机。它没有风便飞不起来。如果没有风把它举起来，没有风把它支撑住，它便要掉下来。

飞机上有使推进机转动的发动机。你应该知道，推进机就是那拉着飞机前进的螺旋桨。

在你的抽屉里还有大大小小各种颜色的积木。你曾经用它来建造过多少房子和堡垒啊！开始的时候你想把房子叠得高一些，它便倒塌了。你把大积木块放到小积木块上，而且还是歪歪斜斜地放着。后来你盖房子的本领越来越大，大得大家简直奇怪起来了。一座高塔有十二层高还不倒塌。这完全是由于你明白了怎样放积木才能够保持平衡的缘故。

大楼房和高塔的建筑工人也应该去想一想平衡的道理。从小没有用手边的东西盖过小房子的人，是很难成为一个建筑工人的。

你还有另外一些玩具，大部分都是自己做的，有许多没有保存到今天。

你记得，你用纸做过一只风车，用一枚别针穿起来，插到木棍上面。刮起风来了，风车给吹得飞快地旋转。这样的玩具可以给你解释风是怎样把风磨和抽水风车的叶片吹得旋转起来的。

你再找找，看还有些什么玩具，并且再去想想：它们是不是也会告诉你一些事情。

你家里的机器

不但街上和工厂里有机器。在你家里也有机器。你去好好地找一找。

在靠窗的小台子上是架缝纫机。你的妈妈正在那儿缝衣服。

你大概不止一次地在那缝纫机急促的响声里睡着了。有时候它突然停下来，后来又突然向前赶

你妈妈的缝纫机

路，步子更加快起来。它把你吵醒了，隔了一会儿，响声又重新催你入睡。第二天早晨，你看见妈妈已经替你缝好一件新衬衣。显然，机器急急忙忙地敲打，不是白费力气的。

你知道街上跑的汽车叫什么名字，从来不会把"吉斯–110"和小型"莫斯科人"认错。你对于一架普通的缝纫机，当然也不会觉得奇怪的。然而对于你的祖母或者曾祖母来说，它却是个稀罕的东西。真的，会有这样的机器，自己会缝纫，而且还缝得这样快！当用手来缝纫的时候，针沿着白布的道路，沿着衬衣和被单，一步一步地勉强走过去。用缝纫机就不同了！它对于针来说，正像汽车对于人一样。

你可曾帮助妈妈去摇过缝纫机的手摇柄？

你慢慢地摇，针便一上一下，一上一下地跳跃着。线轴也用力跳动着，把线供给针。针一秒钟可以跳十下，也就是缝出十个针脚。针一上一下地跳着，已经到了被单的一角，又拐向一条还没有走过的新路上去。

如果有经验的话，缝纫起来的确是容易的，但是发明缝纫机并不那样容易。在缝纫机的内部有多少杠杆啊！你一摇手摇柄，它们便动作起来，好像一些铜制的小手和手指。但是最有趣的是这些光亮的梭子。它很像一只小船。钢手指带着梭子前后地跑。梭子里面有个线轴。针和梭子亲密地在一起工作着，它们不是用一根线而是用两根线来缝的。

要看清楚它们怎样工作是很困难的，因为它们工作的速度太快了。但是如果你聚精会神地去看，也可以跟得上它们。现在针把布刺穿，把线穿到下面去。然后，针又拖着线穿上来。这时候它在布底下做成了一个线圈。要不是梭子，针的工作就算白干了：一会儿做个线圈，一会儿又把它从布底下拉出来。假如它缝上了，立刻又扯开，那机器还有什么意思呢！但是在这时候，梭子跑来帮忙了。它不许针再把线圈拉回去。针刚刚做完线圈，梭子便在布下面拖着第二根线跑进这个线圈。针就是想抽回线圈上也不行了：第二根线把线圈硬留在下面，不许它离开布。就这样，针和梭子两个亲密地用两根线来缝纫着。针上上下下地敲打着。它每跳一下便做出一个线圈，然后把它拉紧。梭子在它底下来来往往地跑着，硬把线圈留下，不让它回去。这就是人为了工作得更快更好而发明出来的机器助手。

手摇式家庭缝纫机有许多姊妹。它们都在工厂里工作，各有各的事业。一个是缝衣服和大氅的，另外一个是缝衣扣的，还有一个是锁扣眼的。有把毛皮缝成皮袄、把皮缝成皮鞋的机器。也有缝面粉口袋或者缝厚帆布口袋的机器。

家庭缝纫机是用手或脚来转动的。在工厂里的缝纫机是用强有力的电动机来转动的。这样，人的工作就减轻了，工作却进行得更快。缝纫机还不是我们家庭里的唯一助手。还有别的呢。

你看见过吸尘器吗？它好像一个有尾巴的怪物。这个怪物沿着地毯走动，用自己的长尾巴把灰尘吸走。在它里面有什么东西在响着。这是风扇在工作，风扇也是机器，它吸进空气和灰尘。灰尘留在吸尘器里面，空气便从反面排出去。

你家里用来做扫除工作的普通毛刷也并不坏。旧式刷子做这个工作已经有好几百年了。但是，在俱乐部里，在旅馆里，有许多房间，也有许多地毯，那里的扫除工作是件复杂的事情。吸尘器在那儿便可以显出它敏捷的身手。

在地下铁道里面，吸尘器的工作特别多。所以那儿的吸尘器也格外大。它一面发着响声，一面沿着地下宫殿的大厅溜达着。只要是它经过的地方，地面便给吸干净了，一点儿尘土都不会留下。

你再想一想，在家里还可以看到些什么机器。

有一种机器叫作"打字机"。人们常说："你会打字吗?"当你用钢笔来写字的时候，一行行一个个的字并不总听你的话。假如纸上没有格子，上行里面的字距会有的高有的低，一个个字不是向前歪，便是往后倒。一个字写得又肥又大，另外一个字却写得又瘦又小，仿佛它快要饿死一样。

然而打字机打出来的字，一行行都很整齐，一个个字的身材姿势也都很匀称。简直不是字，而是整好队伍的兵士。

用钢笔写，一个字只有一笔一笔地写出来。用打字机打一个字却只要打一下就成了。同时，它还自己挪动纸张，自己打铃警告说："一行打完了。该另起一行了!"

如果你爱打字机，一定已经仔细看过它，那辊轴是怎样移动的，字键是怎样叫曲柄的小锤儿去敲打纸张的。

你也许心里在纳闷："打字机的辊轴是用什么带动的呢?"汽车有发动机，钟表有发条，但是打字机有什么发动机呢? 只要用手指摁一下字键，辊轴便会自己走到左

137

边去。

可是你知道打字机也有像钟表里一样的发条吗？这个发条和你的十根手指头就可以叫小锤子敲打机器，叫纸张移动。

打字机打字比你写字快而且正确。但就是它，有时候也要犯错误。假如你手指摁错了地方，打字机打出来的字也就跟着错了。它虽然制造得很灵巧，可是不懂得文法。

电表计算消耗了多少电。

现在你去看一下前面一间屋子和厨房。你在那儿会看到两个仪器——两种计量器。

它们不会写字，但是会算账，并且算得准确，不出错。电表计算住宅里消耗了多少电。煤气表看煤气燃烧了多少。

你只要扳一下电门或者在厨房里把煤气燃着，计量器立刻就知道了。

你走近电表旁边听一听，听它

煤气表计算煤气消耗了多少。

怎样发出声音来。原来它里面有个小电动机在工作着。通过它的小玻璃窗，很清楚地看到有个轮子在里面转。轮子的边缘上有一个红色的记号。如果你不但开了灯，而且把电炉也接上的话，记号往小窗子旁边走过的次数便更频繁起来。

这就是说，发动机工作得更快了。当发动机工作的时候，它便叫一个一个的数字在小窗子里挨次跳上来。这些数字就告诉你，屋子里已经耗费的电力是多少。

还有煤气表，它的构造又是怎样的呢？这是看不见的。它四面紧闭，不让煤气跑进屋子里来害人。不错，它也有个小窗子。可是通过它的小窗子只看到四个有数字的圆盘和指针，好像几只钟表并摆在一起。那盘上的指针移动着，指出来有多少煤气经过了这个煤气表。

是什么东西叫指针移动的呢？当你对某一些东西发生兴趣的时候，时常想去看一下那些东西的内部。那么，假如你能够看到煤气表的内部的话，你可以看到两个像手风琴一样的口袋。煤气经过的时候就玩这两架手风琴。它在口袋里面用力压口袋的壁，一会儿把这只袋鼓起来，一会儿又把那只袋鼓起来。像这样不声不响地拉手风琴干什么呢？就是为了测量煤气，同时把指针移动起来。

　　我们屡次提到钟表。你知道这也是一种计量器。它是计算时间的。发条使齿轮转动。齿轮带动了指针。但是，钟里如果没有钟摆的话，发条便会立刻放松开来。钟摆摆动着，齿轮在钟摆每一次摆动的时候只能够动一下。为了做到这一点，钟里还需要一个样子像锚的弯曲的薄片，这个薄片就叫作"锚"。当钟摆摆动的时候，锚也跟着摆动。这时候，锚的小钩便一会儿左、一会儿右地阻止动轮随便转下去，每次只许它转一个齿。

　　动轮这个名字，是因为钟里所有别的齿轮都是它带动起来的缘故才起的。

　　有钟摆的挂钟的构造就是这样的。

　　在怀表里，不用钟摆，而是用一个头发一样细的弹簧的小轮子。这种细弹簧叫游丝。游丝一会儿卷起来，一会儿松开，叫轮子跟着一会儿转到这一边，一会儿转到那一边。这样，连在轮子上的锚便也摆动起来。锚把它的钩子一会儿放到左面，一会儿放到右面，让它来拦住动轮。钟表嘀嗒嘀嗒的声音，便是这样发出来的。锚用右面的钩子碰到动轮的齿，钟表便说声"嘀"，用左面的钩子碰到，钟表便说声"嗒"。

没有钟表，生活就会发生困难。你上学便会迟到，或者忘掉去睡觉。你去看电影或者看戏，不是太早，便是太晚，等你去人家已经看完了。没有钟表，到处都会变得乱糟糟。火车不按照时间表上的规定，而是随便地开行。工厂里机器的工作也不按一定的时间，各自干各自的。人们如果没有钟表，那发生的困难你简直连想象都想象不出来。

在它的均匀的敲打声音里，我们度过了一辈子。当闹钟跟你说："起床吧！"你便起来。半夜，无线电广播出克里姆林宫尖塔里的庄严钟声的时候，你已经睡得很熟了……

钟表不但帮助我们计算时间，而且也帮助我们爱惜时间。有这样一句俗语："积少成多"。这句话也可以用在时间上。你在那边节省一分钟，在这里事情就可以提前一分钟做完。你看，这样一分钟一分钟地节省下来，一天能节省一个钟头。

一个钟头一个钟头地节省下来，一年可以节省一星期或者一个月。一星期一星期、一个月一个月地节省下来，五年里便可以节省出整整一年或者更多。

在我们的工厂里和集体农庄里，有许多懂得时间价值的人。他们把按照计划需要五年才可以做完的工作，在四年甚至三年里完成。我们的工作是大家一起来干的。假如每个人都节省时间，我们的国家就会更快地向前迈进，会是一天比一天富强。

我们把所有的机器都完全想到了吗？不，还没有完全想到呢。有两种好像会把你带到千里以外的机器。你坐在家里跟住在别的城市的朋友聊天，或者你听到音乐家在别的城市里演奏的音乐。

你已经猜着这是什么了。

是一种电话机。

还有一种是你喜爱的无线电收音机。

你也想知道电话机和收音机是怎样构造的，但是现在还不行，等你长大一些以后再去了解吧！它们的构造比较复杂。要了解它们得先懂得物理学。而这门科学，你在学校里还没学过。

你用手指拨动电话机的号码盘，你就把电话站的自动机带动了。这架机器会自动地把你的电话机跟你要叫的电话机联结起来。

为了使你能够从收音机听到故事、诗或者音乐，不但扩音器和无线电收音机应该工作，还有无线电台也应该工作。就是无线电台从它的广播室里把故事、诗或者音乐播给你听的。

东西是从什么地方来的

茶杯、小刀、练习簿、桌子、电灯是从什么地方来到你家里的呢?

飞机、汽车、电话、机车是在什么地方诞生的呢?

在工厂里,要做一件最简单的东西也需要工具。桌子和书架没有锯和刨子是做不成的。要制造汽车或者机车,还需要复杂的大机器。

锯和刨子可以随便在哪一个木工场里,或者就在你家里都可以找到,但是要想看一下制造汽车或者机车的机器,就得到工厂里去。

如果你到我们的一个大工厂里去,你就会在那儿看到许多帮助人来工作的稀奇的机器。

人们指给你看那

工厂用这样的剪刀来剪铁。

很大的剪刀。它剪起铁来，就好像剪的是纸不是铁。你在那儿看到了钢手。它也有手指，跟真手一样。它要搬取东西的时候，手指便握紧起来。要把东西放到一个地方的时候，便把手指松开。

工厂里还有奇异的锤子。它会自己打铁。锻工只要在它的后面看着就行了。

工厂里还有奇异的炉子。它会自己燃着，自己开关炉门。炉子上面有两盏灯——一盏红的，一盏蓝的。假如炉子冷下去，蓝灯便亮起来。假使炉子变得太热了，红灯便亮起来。炉子好像在对技师说"我觉得冷了"，"我觉得热了"。

在我们的工厂里，一切的设备都要使工作进行得更快，减轻人的工作。

电动的小型货车在工厂里搬运笨重的东西。

当人们要把东西从楼上搬到楼下的时候，便把它放到一条倾斜的路上，这些东西便一个接一个地滑下去，好像冬天你从积雪的山坡上滑下来一样。在下面，一条用小棍子连成的路已经在等着它们了。只要把

144

它们推一下，它们便会沿着转动的小辊轴走去。

工厂里要搬运笨重的东西，有电动的小型货车——好像小电车一样。女工人站在小车上，转动一下手柄，小车便沿着柏油路很快地跑去。如果叫你也来这样滑一次，你一定高兴。

使你特别感兴趣的，是在汽车制造工厂里。

你在那儿看到一间很大的大厅。大厅里横的竖的排列着许多机床，好像城市里的房屋一样。大的机床比人还高。人有两只手臂，机床却有许多手臂。每只手臂里都是工具。

机床中间是甬道，就像城市里的街道。沿着街道移动着一长列一长列的零件——未来汽车的各部分。它们有的坐在小型货车上面跑，有的在小辊轴连成的路上走，有的沿着斜槽滑行。

零件走着，跑着，或者坐着车到了工厂的一边，走向城市的中央大街。它们沿路停在机床旁边，好像跑到一座房子里去一样。在这儿，人们把它刨平，在那儿，人们把它旋光，到了第三个地方，人们又把它磨一下。

工人们指挥着每一架机床：旋工指挥旋床，磨工指挥磨床，钻工指挥钻床。这里有一个工人摁了一下按钮——机床便立刻工作起来：抓住零件，紧握着，让它一点儿也动弹不了。钢手带着钻头从上面下来了。钻头飞快地旋转着，一转眼的工夫，便在零件上钻出几个一样大小的小孔来。工人又摁了一下另外一个按钮，钢手便缩回去了。

这样，零件一路走过去，继续改变它们的样子。当它走到这座机床城市的中央大街的时候，恰好变成它应该变成的样子。金属块变成了做好的汽车零件。

要去管理又大又复杂的机床，需要多么大的本领和多么熟练的技巧啊！你知道每一个零件都要照设计图样准确地去做，连一根头发粗细那么一点点都错不得。同时，工作还要快，不能够白白地浪费时间。

苏联有许多出名的技工，全世界都知道他们的名字。他们叫自己的机床用从来没有过的高速度来工作。用做好的零件装配成一辆汽车，就跟你用积木叠成一座房屋一样。

在机床城市的中央大街上，从一头到另外一头，有一条奇怪的道路在移动，那条奇怪的道路叫装配带。这是一条装在小轮子上面的很宽的钢带子。小轮子在轨道上跑，把上面的带子也带动了。普通的道路都是不动的，

装配"吉斯-150"载重汽车

是东西在它上面输送，但是这条道路是跟东西在一块
儿走。

　　在这条装配带的起点，上面放着一个四方框子。这
个框子还完全不像汽车。框子从一个工人那里走到另外
一个工人那里，每个人都给它做点儿事情。一个给它装
上前轮，另外一个给它装上后轮，第三个装上方向盘，
第四个装上发动机。你看，框子已经不是框子，而是汽
车了。等它走到装配带的另外一头的时候，它已经跟它
那在街上跑的弟兄们没有什么两样了。现在只要叫它用
自己的脚站在地上，或者说得更准确一些，叫它用自己
的轮子站着就行了，这时要把它从装配带上搬下来。

方向盘后面坐着司机。那崭新的、喷过漆的汽车骄傲地走出了工厂，开始过它的劳动生活。人们制造它的时候，替它做工作。现在要它替人做工作了！

我们有许多敏捷、灵巧、聪明的机器。

我们的科学家和发明家不惜精力和时间去发明各种机器，就是为了叫所有的工作进行得更快，为了使我们更加富足，为了使工厂里的工人、田地里的农民、地底下的采矿工人和建筑木架上的泥瓦工人的劳动都能够减轻。

可是机器无论怎么好，没有人还是不成的。你知道，机器是没有脑子的，管理它的人得替它出主意。最好的机器到了不会好好使用的人的手里，也会偷起懒来。只有在爱护它、懂得它的脾气的人的手里，它的工作才会一天比一天敏捷。

假如东西会说话，汽车、机车、打字机、无线电收话机的每个小零件，都可以讲出许多很有趣的事情来，讲出它们在工厂里怎样从一个工人那里走到另外一个工人那里的经过。它们会讲给你听：那些工人怎样想办法把它们做得精巧，他们相互之间怎样进行竞赛，争先恐后地工作，看谁一天里做的零件最多。

但是，竞赛并不只是为了赶过别人。它的意思是让最先进的人鼓舞落后的人，相互帮助，一同来提高。

关于我们的工人怎样用富有创造性和顽强的精神互相竞赛，以及他们同时怎样互相帮助，使大家都更加精通技术，这些事情可以写成厚厚的一本书。

我们周围的每一件东西里面，都包含着科学家、发明家、工程师、工人、农民的精力和心血。铁、木头、黏土、玻璃、谷物、棉花、皮毛、皮革、橡皮，从这个人的手转到那个人的手，为了把它们变成茶杯、碟子、面包、外衣、皮鞋、衬衣、桌子、椅子、书籍、房屋、汽车、机床……

每一种这样的转变，都好像是一个奇迹。但是世界上是从来没有真正的奇迹的。为了制造汽车，为了用木头制造练习簿或者用黏土制造瓷茶杯，应该知道并且学会许多事情。

汽车、飞机、练习簿、瓷茶杯、电话机、机车、超重机、剪钢铁的剪刀，都是用劳动和科学创造出来的。

当我们看到崭新的、灵巧的机器的时候，我们不应该只称赞机器，还应该称赞发明和制造它们的人。

东西是用什么东西做成的

你是个很好奇的人；你一看到新鲜的东西，老是问人家：它是用什么做成的啊？

有时候这样的问题很容易回答：桌子是木头做的，铁床是铁做的。但是有时候，东西已经完全不像那原来制造它的原料了。罐子跟黏土很少有相像的地方：为了把黏土变成罐子，开始应该把它做成罐子的形状，然后把它放到火里去烧。

而书像不像云杉呢？你脑子里大概没有想到，书和你妈妈的漂亮的绸衣都是用云杉做成的。再瞧瞧你的套鞋吧！假如不告诉你的话，你也不会相信它是用锯末做成的。可是你如果到化学工厂去，就会亲眼看到锯末怎样变成酒精，酒精怎样做成橡皮的。我们也可以从橡胶草和一些别的植物的汁液里得到橡皮。绸可以用树木做，也可以照老法子——用蚕吐出的丝来做。

在别的工厂里，人们还会指给你看，怎样用煤或者石油做出塑胶，再用塑胶做出电话机、碟子、梳子、茶杯、纽扣、电门和许许多多别的东西。你看到怎样用树木或者石油制造出人造皮革，用凝乳制造出人造羊毛。

或者你拿起这样的一件东西，就像你自己穿的汗衫。有什么比你的汗衫更贴近你的身体呢？但是你知道它是用什么做成的吗？

大氅、袜子、手套——这些都是你的朋友，它们帮助你不会受冻。它们是从哪里来的呢？它们是用什么制造的和怎样被制造出来的呢？关于这些事情，你大概从来没想过。

从前，在很早很早的时候，那时候人们还不住在屋子里，而是住在山洞或者棚子里。他们用野兽的皮缝成衣服。他们用的针不是钢做的，而是骨头做的。那时候还不知道什么叫钢。刀是用石头做的，针是用骨头做的。

你家里有缝制用的线轴、针和呢料。它们全都住在一起——住在你妈妈做活计的小桌子里。但是，这些东西的年纪并不一样。针的年龄比线和呢料要老得多。在人们不用皮而用呢料缝制衣服以前，它就来了不止一千年了。

要织成呢料，一定要先纺线。而要有线，就需要羊毛。在人类驯服了绵羊以后，人类懂得杀掉它从它身上取毛皮是不必要的。取毛皮只能够取一次，如果只取它

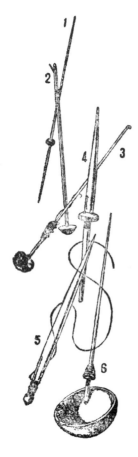

不同时期不同民族的纺锤：1. 古代秘鲁的印第安人用的纺锤；2. 埃及的纺锤；3. 非洲黑人部落里用的一种纺锤；5. 俄罗斯的纺锤；6. 印度的纺锤和用椰子壳做的碗，纺锤在碗里转动，可以把线捻紧到蛛丝一样粗细。

的毛，每年都可以取一次。用羊毛可以纺成随便多少粗细的线。而有了线，还有什么东西做不成功的！

你如果到过乡村，或许也看见过人们用纺锤来纺毛线的情形。

纺线的女工人从一束羊毛里拉出一些细长的纤维，用手指把它捻紧，缠在纺锤上，纺锤是一种中间粗两头细的圆木棍。线一定要捻紧，这样它才会又直又韧。假如随便从羊毛里抽出来就算完事，它便很容易断。纺线女工人转动着纺锤，把线缠在上面。

纺锤一直到今天还在使用，只是不叫纺锤而叫锭子。但是最老的织机，只有在收藏古物的博物馆里才找得到了。这种织机的

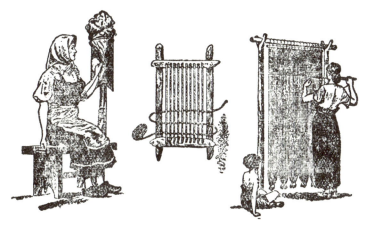

纺线女工人用纺锤　　因纽特人编　　在古代的织机上，就
来纺线。　　　　　　织用的框子很像　是这样工作的。
　　　　　　　　　　古代的织机。

构造很简单。用四根木棍做成一个框子。框子上面纵的
方向上绷紧了许多线。织的时候就用手指把横线穿过这
一些纵线。

　　用线织成呢料，就好像用麦秸编成篮子。

　　这种织机你自己也会制造。

　　你把一只凳子四脚朝天地翻转过来，在两条横木中
间拉紧一些细绳。这就是纵线——"经线"。现在需要把
横线——"纬线"——穿过经线去。你把经线用铅笔挑
起来，不是全挑，而是每隔一根地挑：第一根、第三根、
第五根……再把纬线从它们底下穿过去。然后再挑起经
线第二根、第四根、第六根……把纬线从它们底下穿

过来。

这样，你就也织好了一些什么。但是它既不是呢，也不是布，而是用绳子织的，而且织得非常松，这不要紧，反正你又不用它来缝衣服。这主要是为了让你明白，线是怎样织成呢或者布的。你把一块呢或者布拿到灯光底下照一照，只见它全是用线织成的，而这些线都是十字交叉着。一条纵的线穿过去，一条横的线穿过去。

当然，纺织工厂里面不是用凳子来织呢或者布的，而是用电力开动的大机器来织的。机器的两边各有一根很大的轴：一根轴上面卷着线，另外一根轴上面卷着织好的呢或者布。

穿过线的并不是手，而是梭子，它前后来回地飞跑。当梭子里的线用完了的时候，机器便自动换上一个梭子。如果线断了，机器便自己停下来，等候女工人过来把线头接上。我们有不少能够同时看管十台机器的、熟练的、有本领的女工人。她们每个人都可以为自己感到自豪，因为有多少人身上穿的衣服就是她们织出来的啊。

在我们的工厂里纺线也不是用手，而是用飞快的机器。不是这样也不行。要使男女老幼都有衣服穿，那得纺多少线啊！你知道苏联的人多得简直数不清。所以在许多地方建立了很大的纺织工厂。在这些工厂里，羊毛、亚麻、棉花、丝都变成一匹匹的纺织品——有花的，也有素的，有厚的，也有薄的，有冬天穿的，也有夏天穿的。

你把自己的汗衫拿起来。它是用什么做成的呢？用棉纱。那么，棉纱是从哪儿来的呢？

在苏联有这样一些地方，那儿夏季很长，太阳晒得很热。在那儿，田地里生长着许多矮树一样的植物，上面结着一种稀奇的果实。每一颗果实看起来就像一只小盒子，盒子里藏着种子，种子外面密密地包着细毛。棉纱就是用这些细毛——棉花做成的。怎样用棉花做成棉纱呢？

第一，应该把细毛和种子分开，然后把它梳直。

在理发馆里，人的头发用刷子和梳子来梳理。在纺纱工厂里也有刷子和梳子。那儿的刷子不是普通的刷子，而是用钢丝做成的。拿着它来工作的不是人，而是机器。棉花经过刷子的梳理，让它通过一个圆孔。这样便做出粗松的棉绳——棉条。它虽然粗，可并不结实，应该把它制成又细又结实的线。因此，便把几根棉条放到一起，使它们变得更坚韧，再把它们拉成又细又匀的纺条。

为了使纺条变得更结实，人们把它捻起来。现在就得到了拧起来的细线。这个工作也不是用手，而是用机器做的。在这种机器上，锭子自己旋转着——总共有好几千只锭子！由于锭子的旋转，整个工厂都发出嗡嗡的声音，好像蜂房一样。

纺出来的棉纱运到织布工厂。我们已经看到了并且懂得了怎样用毛线来织成呢，布也就是这么用棉纱织出来的。

现在布织好了，只是它还不漂亮——是淡黄色的。用它来缝衬衣还不行，应该把布变得整洁而且漂亮，这就需要把它运到第三个工厂——印花布工厂里去。布在那里首先要漂白、洗濯。要使它变得更漂亮，就在上面印上彩色的条纹、斑点和花朵。工厂里有给布创作各种图案和花纹的艺术家。

怎样去印染，你大概是知道的。你一定不止一次看到人们怎样在纸上印刷。不过，这儿不是用平板来印刷，而是用钢滚筒来印刷。为了把图案印到布上去，应该叫这个圆滚筒沿着布来滚动，好像用擀面杖擀面一样，但是这不是很方便。最好是反过来，把布沿着圆滚筒拉动。印布机就是这样制造的。

印染好的布便被运到商店去。那儿，人家把它买了去——有的去做衬衣，有的去做上衣，有的去做头巾。你瞧，你的衬衣上的花纹正跟你妹妹的上衣一模一样，都是蓝色的细条纹。显然，你的衬衣和她的上衣，你妈妈是用一块布缝成的。你的衬衣就是这样做成的。从前有一本书上说，衬衣是生长在田地里的。这是正确的——因为布是棉花做成的，而棉花是生长在田地里的。

在提到衬衣的历史的时候，我们想到从前人们用毛皮缝衣服的情形。现在人们也穿毛皮，但它的做法跟从前不一样。你的皮帽和冬天穿的大氅的皮领子是用兔皮缝成的。你的脚上还穿着皮靴子。你当然知道，你的皮靴是用皮革制成的，皮革是用小牛皮或者羊皮鞣制成的，但是毛皮是怎样变成皮革的呢？

你知道毛皮和皮革并不怎么相像。毛皮上面覆着一层毛，皮革的正面连一根毛都看不到。生皮是不能够缝皮鞋的。它不结实，不柔软。它放着就要腐烂，干燥了就容易断裂。

毛皮是在制革工厂里变成皮革的。那儿也像别的工厂一样，有许多各式各样的机器。先把毛皮洗干净，把它浸湿，让它变软，再用刀来刮，又把它浸在碱性溶液里，使它上面的毛更容易去掉。

这以后，毛已经去得一根也不剩了，得到了光皮。但是光皮还不算是皮革。为了使它变得更结实，还得经过鞣制的手续——就是浸在橡树皮的溶液或者别的溶液里。

皮革也常常用铬〔gè〕盐来鞣制。这种盐是绿色的，所以皮经过鞣制以后也变成绿色。人们把这种皮革叫作"铬革"。你或许从前也听到过人家说用铬革做的皮鞋。绿色的皮革还不能够用来缝鞋。要皮鞋漂亮，还得把皮革染上颜色。染上颜色以后，再把它晾干。现在就剩下擦光的手续。

人们把皮革擦光，擦得像镜子一样可以照人。

在制革工厂里，工人做完了自己的工作以后，便把皮革送到制鞋厂。在那里皮革也是从一个工人走到另一个工人，从一架机器走到另一架机器。

为了帮助工人们缝鞋，我们什么样的机器没有啊！一架机器裁剪皮革，又一架把皮革绷紧在鞋楦上，第三架缝纫，第四架钉鞋底，第五架打鞋带洞，第六架擦光。

现在给你制好了崭新的皮鞋——又坚固，又柔软，又漂亮……

茶杯、瓦罐和它们的亲族

瓦罐真是一个天晓得的美男子。当它跟某一个不爱做粗活的、像穿花衣服姑娘一样的茶杯站在一起，或者跟那骄傲地翘着高鼻子的茶壶站在一起的时候，更显得特别丑陋。

可是，这种相逢并不是经常的。瓷茶壶跟糖罐以及茶杯、茶碟的大家庭，都住在一幢美丽房屋的楼上。人们都管这幢房子叫

瓦罐和他的骄傲的亲族——瓷茶壶。

餐橱，而瓦罐平常是不离开厨房很远的。但是茶壶实在没有必要在会见瓦罐的时候把鼻子翘得这样高。而餐橱里那手叉着腰好像要舞蹈一样的精美茶杯，也不应该摆这样大的架子。你知道瓦罐本来是它们的亲族，并且数它年纪最大。

这个家族是很大的。茶壶，碟子，砖头，屋顶上的瓦，电线杆上的瓷碍子，药房或者实验室里的瓷杯，瓷义齿，博物院里绘着彩画的大花瓶，壁炉架板上的小雕像，它们都是用黏土制成的，并且都跟最早的瓦罐有血

统关系。

一千年以前根本没有瓷茶壶，因为瓷还没有被发明出来，瓦罐却早已给人们立下了许多功劳。科学家在发掘那很早被毁坏的废墟和发掘古代坟墓的时候，发现那儿有不少器皿的碎片，有一次还发现了整个的杯子、壶和罐子。

在最早发掘出来的古物当中也有瓦罐。它们生存的时代真是很早很早，那时候像现代餐橱里的一些东西都还没有出世，没有匙，也没有叉，刀是用石头做成的，因为人们还不会炼铁。

进行发掘的科学家每得到一块碎片都觉得很高兴，并且反复地观察它们。他们在观察碎片的时候，尽量想去了解瓦罐在从前，放在原始猎人和渔夫的棚子里的灶上烧饭的时候，完整的形状是怎样的。

有些碎片上面可以发现指印。这些遗迹对于科学家们来说是很重要的。从遗迹的上面可以了解到是谁的手做出这些拙劣的陶器的，而瓦罐的许多精巧有用的亲族，就都是从这种拙劣的陶器演变出来的。

在这种陶器的悠长的一生中，曾经有多少只手接触过它啊！但是，保存下来的只有在那陶器出世的那一天，在它已经塑造出来但是还没有烧炼的时候印在它上面的痕迹。

科学有许多门类，里面也有一门关于指纹的学科。科学家发现，没有两个人的指纹是完全相同的。这门学科帮助人们断定，最古老的陶器是在妇女手里制造出来的。古代的主妇自己塑造那烹煮和保存食物的罐和壶。

有一句古语：瓦罐不怕火烧。这句话的意思是说，即使复杂和困难的工作也不必害怕。你知道瓦罐的塑造和烧炼也并不是一件简单的事情。

首先应该寻找合适的黏土。它并不是随便哪里都有的。找到了黏土，把黏土带回家，把它弄湿，然后仔细地把它揉捏成黏土团，使它里面没有硬块。这以后用手掌把它搓成均匀的长条，再用手指把这些小条在木板上盘成像蛇那样的螺旋形。最困难的是要把这样的小泥条和它们中间的缝弄平，这样才能够得到有光滑的壁的陶器。剩下来就是用黏土门做成圆底，然后黏到它的底上去。

罐子塑好了，主妇很喜欢自己亲手做成的东西。她拿起

主妇用黏土条塑造陶器。

一根尖头的棍子或者骨梳，在还是柔软的黏土上刻画着。没有这种直线或者像波浪那样的花纹，那陶器还算不来是陶器。

现在该把罐子晾干了，但是这还不算完事。假如有人以为这只罐子已经做好了，就把水灌了进去，那么一切算白干了。罐子便要松散开来，又变成一堆黏土了。如果不想发生这样的事情就得等它干燥之后再去烧一下。火里面发生了奇妙的变化：软的黏土变得像石头一样坚硬，而石头是不会在水里溶解的。烧的时候需要特别熟练的技巧，使得陶器不会破裂。

现在新的、刚刚烧好的罐子第一次去完成自己的任务。人们把它放到炉灶里去煮肉或者煮汤。这个新烧的罐子并不十分好：它边上有一个地方凸了起来，有一个地方凹了下去。上面的罐口是不平的。显然，这个罐子不是在陶轮上做出来的。

陶轮的发明比陶器要晚得多，那时候瓦罐已经不是用的人自己做，而是向专门制陶器的人——陶工——去定制，或者由陶工制好了拿到市场上去换粮食，换牛奶，换蜂蜜，这时候已经有必要应用陶轮来制造陶器了。

土地上收获的粮食越多，牲畜繁殖得越多，人们需要的器具就越多。烧制陶器便成了陶工的职业。他在农闲的几个月当中制好了全村需要的瓦罐。如果离城市近，陶工便把自己制造的彩画的制品装在船上或者大车上运去赶集。从水路把这些容易碰碎的货物运去比用大车沿着那高低不平的道路运去要安全得多。

为了使工作进行得更快，陶工发明了一种特别的设备——陶轮。这种东西并不灵巧，而是人的工作灵巧。

应该从头说一下它的构造是怎样的。在板凳的一头，嵌一根直的木钉。木钉上装一个厚的木圆盘，就把木钉当作轴，让圆盘可以旋转。陶工坐在板凳上，用左手转动圆盘，右手就把一团黏土塑成罐、钵或碗。这时候，在工作的时候已经不必把制品一会儿转到这边，一会儿转到那边了。它在圆盘上会自己转动，在陶工的手底下做成端正的圆形。

陶轮一直使用到现在，虽然它已经改了样子，现在不是用手来转它，而是用脚来转它。它很早就在俄国出现了。苏联科学家在发掘基辅省和斯摩棱斯克省的古代坟墓的时候，找到一千年前用陶轮制造的陶器。

有的地方又发现了烧陶器的窑的遗迹。原始时代的主妇在火堆上或者灶上烧陶罐。后来陶工发明了方便得

古代的陶窑

基辅发掘出来的古代用黏
土烧成的玩具。

多的炉灶——陶窑。跟陶器碎片一起发掘出来的还有古代的用黏土烧成的玩具。那儿有小笛子、小哨子、小马、小羊和一些奇怪的有胡须的人面的野兽。玩这些玩具的孩子早已不在世上了。脆而易碎的黏土做的小马和笛子却还完好地侥幸保存在地底下。

很难说，陶轮和陶窑最早是在什么地方发明的。它们一定不是在一个地方发明的，而是在许多地方发明的。经过好几个世纪以后，又发明了瓷器。制造瓷器的秘密并不是在一个地方找到，而是在不同的地方先后找到的。

最早发明瓷器的是中国人。他们把白色的黏土——高岭土——跟捣碎了的细石加水混合在一起，在陶轮上把它捏成需要的样子。最困难的是烧炼，要黏土跟碎石混在一起变成瓷，变成坚硬而且透明的，应该用强热来烧它。

病人用的普通体温计上面，靠顶端写着一个数字"42"。而在烧瓷的窑里——整整有一千三百度。这样热是不能够用普通的温度计来测量的，玻璃会熔化，水银会蒸发。这里最主要的就是选择适当的成分，而且要烧炼得十分当心，使瓷器在强热之下也不至于熔化和歪斜。

瓷完全不像做成它的黏土。黏土可以用手来揉捏，而瓷却连刀子也切不动。瓦罐的碎片是多孔的，因为在把黏土里的水分烧去以后，黏土的微粒中间就留下了孔。而瓷片是经过熔化的，已经完全熔合成一整片，就没有孔了。

这种把黏土奇妙地变成瓷的秘密，制造瓷器的人在从前是不肯公开的。那些有瓷窑的老板们，做瓷器买卖发了大财。现在瓷茶杯在我们看来是很普通的东西。但是在古代，它的价钱很贵，差不多跟金子一样贵重。甚至于当时欧洲的贵妇人把瓷茶杯的碎片当作贵重首饰佩戴在胸前。

制造瓷器差不多像开采金矿一样地有出息。所以许多国家的技师都想找出制造瓷器的秘密，但是好久都没有成功。

二百年以前，俄罗斯技师季米特里·伊凡诺维奇·

维诺格拉多夫也着手来做这件事情。

在这之前，俄国沙皇政府答应一个外国技师叫古恩盖尔的到俄国来，因为他说他懂得制瓷的秘诀。古恩盖尔要求了好几千普特①的黏土，花费了许多金钱和时间，修筑了各种各样的窑，但他承认并不会制造瓷器，就被赶回家去了。他的俄国助手——维诺格拉多夫当时便动手去做这件事情。他并不吹牛说自己懂得秘密，实际上，这些秘密是没有人知道的，但是他是个有学识的人，能够坚持达到自己的目的。他有一个年龄相仿的朋友，就是俄国伟大的物理学家、化学家、地质学家和诗人米哈伊尔·华西里耶维奇·罗蒙诺索夫。罗蒙诺索夫的学识比整个大学还丰富。罗蒙诺索夫很尊重这位老朋友。但是沙皇的官吏讥笑维诺格拉多夫。他是一个高傲的不屈不挠的人，所以沙皇的官吏并不喜欢他。

他做了许多工作，终于发明了瓷器。沙皇的官吏因此受到沙皇的奖赏。但是维诺格拉多夫得到的并不是感谢，反而被禁闭起来，不许他离开办公桌，要他把知道的、发现的东西统统写出来。这是许多年前的事情。维诺格拉多

---

① 沙皇时期俄国的主要计量单位之一，是重量单位，1普特＝40俄磅≈16.38千克。

夫遭遇的事情在我们看来，真像是可怕的神话一样。

在苏维埃国家里，科学家和工人是受大家尊敬的。我们的工厂制造着大量的各种各样的瓷器——从小咖啡杯到足有一个半人高的大花瓶。这个上面有斯大林同志画像的花瓶是苏联工人为了纪念"胜利日"两周年而制造的。他们管这个手艺精巧的花瓶叫作"胜利"，把它献给斯大林同志。这个花瓶是哪个工厂制造出来的呢？就是在维诺格拉多夫创建的国立罗蒙诺索夫瓷器工厂里制造出来的。这个工厂跟当时维诺格拉多夫和罗蒙诺索夫曾经工作过的小工场已经完全不一样了。在我们这个新的工厂里，一切都用敏捷有力的机器操作，机器加快了工作，减轻了人的劳动。机器可以捣碎原料，把它们混合、过筛、塑造和印花。

好像童话里面变成天鹅的丑小鸭一样，丑陋的瓦罐经过世世代代的技师和科学家的手，变成了漂亮的、雪白的天鹅——黏土变成了瓷。

车轮小曲

在火车厢里，我们有谁不在那车轮的小曲声里入睡的啊！车轮敲打着铁轨，好像敲打钢琴的键一样。你在这个有节奏的响声里，做了一个安静的梦，好像车轮在说："晚安！放心地睡吧！明天就到了你想去的地方。要不是我们车轮，你就不得不背起背包在路上一步一步走去。夏天，你身上溅满了尘土，骤然一阵倾盆大雨，把你淋得浑身湿透。冬天的风雪蒙住你的眼睛，挡住你前进的道路，但是现在我们来帮你忙。我们敲打着，我们工作着，为了不让你的腿去工作。安睡吧！我们把你带过田野和草原，我们在架在河面的桥梁上轰隆地响着，我们穿过山洞。当你的亲人到车站来迎接你的时候，我们正每时每刻地带着你去接近他们……"

车轮是平常的东西。我们看惯了车轮，甚至于很难想象在那没有车轮的古时候是什么情形。

你知道，从前是有过这样的时候的。人们要从一个城市到另外一个城市去，如果在路上能够不用自己的两条腿走，而是骑在四条腿的马背上，那已经是很高兴了。这时候已经可以携带比较大的物件了，特别是如果再牵着另外一匹马一起走的话。

如果父亲带着儿子出门，便让儿子坐在自己身后边。儿子紧紧地抓住父亲的腰带，怕从马背上摔下来。

古时候人们用马来驮物件。

那么，怎么会想出用车轮，想出四轮车来的呢？

四轮车不是一下子就出现的。看起来，它的车轮是最主要的东西。但是事情还不是从它开始。假如车辕、车轭、车轮和滑木争论起来，看谁的资格最老，应该直截了当地说，车辕的资格最老。

第一辆车子除去车辕以外，什么也没有。两根木头，两根长的木杆，用皮带系在马鞍上。马跑起来的时候，木杆便在它的后面沿着地面拖着走。在木杆上再绑根横木。口袋和包袱就放在横木正面。这种车子叫作"曳木"，因为它是用木杆拖曳着走的。

直到现在，加拿大的印第安人还用这种曳木套着马或者狗来运货。

第一辆车子——曳木，两根木杆在马的后面拖着走。

两百年前，曾经在俄国北部边疆游历过的旅行家伊凡·伊凡诺维奇·列标兴说道，济梁人"完全不知道应用车子；假如他们要装运重的东西，便用滑橇，或者用两根木杆系在马颈圈上。木杆上放一根横木，要运的东西便放在横木上"。

有时候，人们把麦子放在这样的曳木上，从田里拉回来。民谣里面还有讲到这种事情的。

济梁人夏天用的滑橇，十八世纪的旅行家列标兴曾经描写过它。

在叙述农民勇士米库尔·塞拉尼诺维奇的民谣里，用下面这几句话结尾：

我割下黑麦，堆成垛，

曳回家里去打场，

煮好酒来请老乡。

　　起初曳木是用直的木杆做成的。它们拉起来不方便，常常划破地面，走一步颠一下。人们想到把木杆折弯，这样车辕便慢慢变成滑木了。好啦，从这儿起，离滑橇已经不远了。

　　直到现在，我们的滑橇还跟这种滑木相像。在滑橇上，滑木分钉在两边，跟曳木上的木杆完全一样。

　　滑橇在雪地上跑得飞快。可是到了夏天，滑橇在草地上或者沙漠上拉起来就困难，因此不得不驾上两头牛。虽然牛是出名的会卖力气的，但是拉滑橇还是不容易。怪不得有这样一句俗语：像牛一样地干活。

　　古老的东西并不一定要到地底下去找出来。它们现在可能还在某些地方流行。据说，直到现在，离非洲海岸不远的马得拉岛上，夏季还可以看到农民坐在滑橇上。那儿，太阳总是炙热地晒着，从来没有下过雪，可是农民安详地赶着自己的牛，牛勉勉强强地拉着那轧轧作响的沉重的滑橇在走。

那么到底什么时候才有车轮出现呢？

人们早就注意到滚动比拖拉快得多。木头和桶在斜坡上只要推它一下，就会自己滚下去。在建筑工地上，如果要移动一块大石头，人们便把一段圆木头放在石头底下。没有圆木头，大石头简直就没法移动，可是如果底下放了圆木头，它便很听话了。人们推它或者用绳子来拉它，它便开始移动起来，好像活的一样。

这种垫在石头底下的圆木头叫作滚木。从废木到车轮，不是一天两天或者一年两年就变出来的，而是经过几个世纪才变成的。

如果把车子随便放在滚木上，就是两头牛也不容易拉动。要使滚木容易拉动，就得把滚木做得中间细，两头粗。这样，一根木头已经变成紧嵌在轴上的两个厚圆盘了。

滚木车已经变成了两轮车，变成了有两个实心大圆盘——车轮——笨拙的大车。这时候车轮唱出了它的第一支小曲，但是这支小曲唱得多刺耳啊！当牛拉着大车在路上走的时候，老远就听见那车轮的忧郁的吱吱声。大车只有两只轮子，但是人们很快就想到，两只轮子固然不错，可是四只轮子就一定更好。车子终于得到了四只轮子，那也已经是很早的事情了。

　　科学家在我们的草原上发掘一些高耸的坟墓的时候，找到了一辆木头做的四轮轿车。轮子是重的，实心的。车身就像一所圆顶的小木屋，门开在前面。当草原上的牧民从一个牧场转移到另外一个牧场的时候，这些粗笨的轿车便跟在羊群的后面缓缓地走着，它那沉重的车轮吱吱地响着。成年男子和七八岁以上的男孩子都骑在马上赶着羊群。妇女带着小孩子就坐在那旅行的小屋子里。

　　车轮就是这样出现的。但是车轮要多久才变成现在这样的呢？

　　首先它应该做得再结实一些，使得它在长途旅行的时候不至于很快地磨损下去。因此就在车轮的边缘用铜钉子钉上铜箍。只从这件事情上面就可以证明，这件事情也已经是很早的事了，那时候还不知道有铁呢。

　　然而钉上了铜箍的轮子比以前更加沉重了。要使它变得轻些，人们便在这实心的木圆盘上挖出一些孔。以后又想到把车轮装到轴上去的时候装得松一些，让车轮可以在轴上转动。又经过许多变化以后，车轮才终于变成像现在这样的车轮——有轮辐、轮辋（wǎng）和轮毂（gǔ），轴就装在轮毂上。不过，就是这样的车轮也不是一下子就得到胜利的。人们在很长时期里还是宁愿骑马，把货物驮在马背上。

这是怎么回事呢？

这是因为车轮有它的古怪脾气。它爱使性子：如果没上好油，它便要大叫大嚷起来。怪不得人们说：吱吱地像个没上油的车轮。但是，主要的是道路一定要完全平坦，不能高低不平的，一路上不要让车轮陷进泥泞里或者很深的沙里去。然而从前像这样的道路是没有的。从前的道路不是像现在那样是人修筑起来的，而是人们用脚踏出来的。人们沿着它走路或者骑马，自然而然地出现了路。

以后人们也逐渐地关心起道路来了。人们在树林里开出通行的路来，沼泽上面用木头铺起路来，免得车轮陷到泥泞里去。

又过了不少时候，道路才终于可以让车轮去跑了。不过两百年前，旅行家还常常在埋怨自己的运气，回家以后谈论着他们在路上损坏了多少辆四轮马车的事情。

那时候一个地主从莫斯科附近自己的庄园里到京城去的时候，便常常坐着一辆驾着六匹马的轿车。仆从们骑在高头大马上前呼后拥着。所有这一切与其说

十八世纪一个富有的地主坐着一辆驾着六匹马的轿车。

是为了把尘土扬到过路人的眼睛里，还不如说是为了道路上如果不是尘土而是泥泞的时候，如果车子陷进泥泞里去的时候用的。驾车的还经常牵着额外的马匹，也就是为了这个用处的。一辆轿车总得备好十匹马。驾车的使劲抓住车轮，一面吆喝着把沉重的车子从泥泞里拖出来。

等到道路铺上了石块，事情就又不同了。沿着那两旁栽种着桦树的石路，邮车和四轮马车飞快地闪过有条纹的里程标。

车轮跟道路终于变成了朋友。可是，等到普通的马路以外又出现了铁路的时候，这个友谊变得更加巩固和不可分了。

在乌拉尔的尼日尼·塔吉尔城，有一条名字挺特别

俄国技师切列巴诺夫1834年在乌拉尔制造的第一辆机车

的街："汽船街"。为什么它叫这个名字呢？你知道汽船不是在陆地上走的。它叫这个名字是因为实际上曾经在这条街行驶过的是所谓"陆上汽船"，照我们现在的说法，其实是火车或者机车。

这是一种很小的笨拙的机车，它有四只轮子和一根像长颈鹿脖子一样的烟囱，但是它沿着铁轨走起来很快，可以拉上装着两百普特的货物或者四十个乘客的车厢。看到这个机车，没有人会说它就是古代的滚木车的后代。

在车子上是先出现车辕，而后才出现车轮的。当马车改变成机车的时候，因为不再需要马匹，所以车辕也就没有用处了。可是，车轮现在很受人尊敬了！真的！为了它已经建造了这样平整的道路，这样的道路它还从来没有走过呢。

俄国技师叶菲姆·阿历克赛维奇·切列巴诺夫和米

哈伊尔·叶菲莫维奇·切列巴诺夫父子两个人建造的这条塔吉尔铁路并不很长。铺设的铁轨一共只有八百米长，但是这是我们的第一条铁路呢。

现在苏联有好几十万公里长的铁路线。它从莫斯科分散到四面八方，分散到东南西北的许多较远的城市，牵引着列车车厢沿着轨道飞跑的不但有那强有力的蒸汽机车，还有它们的更年轻的同伴和竞争者——电气机车和内燃机车。

铸铁的车轮沿着铁路很快地、有节奏地驶过去，它是这样地平稳和舒适。这也就难怪它们这样快乐和兴奋地唱着小曲，催着旅客们安睡。

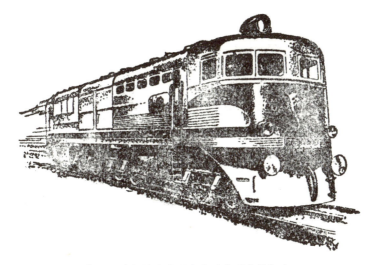

在哈尔科夫制造的强有力的苏联内燃机车

177

木工场里的谈话

这本书虽然已经讲了许多故事，但是连一个童话都没有讲。现在我们决定给你讲一个童话，但是并不是关于什么火鸟或者山蛇的故事，而是关于最普通的东西——锯、斧头和刨子的故事。好，你听着吧。

木工场里发出各种各样的响声。锯咕咕地嚷着，锉嗤嗤地叫着，斧头吆喝着，锤子叮当着。这许多工具都抢着说话，声音一个比一个高。它们每个都想证明自己是工场里最重要的一个。

"我咬，我咬，我老是咬！"锯一面把木板锯开，一面翻来覆去地拉着长调子说，每说一句话，便吐一口锯末，"我有一百颗牙齿，每颗牙齿都像刀一样锐利。"

"嚯！嚯！"斧头吆喝着，"别到我跟前来！我一下子把顶粗的木头劈成两半！"

"嘘！嘘！全是吹牛！"刨子一面沿着木板移动，一面对斧子讥笑着，它每走一步都扔出一卷刨花，"你只会做些粗活。"当一件东西做得太粗糙的时候，人们常常这样说："这又是斧头干的活。"你不算是个细木工！你只是个粗木工。你简直连工作台都用不上。你看我们刨子！我们把木头刨平，刨得它又光又滑。

"闭上你的嘴！"锯说，"如果没有锯把树林里的树木锯下来，你什么也别想做。没有锯，房子盖不了，桌子也做不成。工场里的工具没有比我再好的了。怪不得主人这样疼爱我，保护我。我只要是到了主人手里，他马上拿起凿子来把我的牙齿分开——右边一个，左边一个。这一切都是为了使我工作起来更加轻快方便。锯齿分开以后，它便会开出一条宽阔的小路，使得前后走起来方便。"

"嗵！嗵！"锤子喊得山响，打断了锯的高谈阔论，"我的声音比什么响声都大。这就说明，我在这儿是最重要的。当然，也有各种不同的锤子，我有两个姊妹。一个叫木槌，一个叫大铁锤。虽然是亲姊妹，性情可不一样：一个性子软，一个性子硬。木槌全是木头的，她只能够敲凿子或者錾（zàn）子。而大铁锤是用钢做的。她在我们

锤子和它的姊妹们：左，木工用的两个木槌；右，锻工用的铁锤。

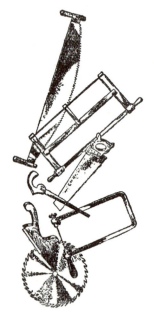

锯的家族：横锯，木工用锯，两把手锯，槽锯，钢丝锯，圆盘锯。

这里可没有什么活。她在铁工场那儿工作。锻铁工人把它拿在手里去锤打烧红的铁块，铁块马上便给压扁了。"

"我们的家族并不小，"锯说，"要知道，锯也有各式各样的。比如，我叫作横锯，我把树木的纤维横断锯开。我的妹妹叫作纵锯，她是顺着树的纤维去锯。我和她是孪生姊妹。我们俩长得一模一样，只是牙齿不同。我们家里数钢丝锯最小。人们用它来锯薄木板。然而也有把木头锯成木板的大锯。只要是到锯木工场里去过的人，就会看到木头是怎样从大锯木机的一头进去，从一头就出来变成被锯好的木板的。"

"我的家族更大，"刨子说，"我的弟兄们，数都数不清。老大叫平刨，老二叫双刃刨，老三叫剜刨，老四叫齿刨，老五叫槽刨，老六叫刳（kū）刨，老七叫大刨……"

"吹牛！"斧头好像在砍东西，"你别拿名字来吓人。

刨子的弟兄们（从左到右）：普通刨，平刨，双刃刨，弯刨，铁台刨。

刨子的弟兄们（从左到右）：剜刨，齿刨，槽刨，剞刨，大刨。

什么'大刨、槽刨……'的，我简单，就叫作斧头。我的工作也简单，但是做的工作可不简单。假如要斫平或者劈碎什么东西，这活让谁去做呢？斧头！"

"真是个粗暴家伙！"刨子说，"老是打断人家的话。你看就是这样。我有许多弟兄，而每个人都有自己的事情。平刨去刨长木板，怪不得它自己也是长长的身材。剞刨刨出窄路来，所以它自己也是窄的。剜刨是驼背的技师，是去刨凹陷的地方的。剜刨沿着突出的地面和小沟走，普通的刨子是到不了那个地方的。槽刨……"

"说来说去老是这一套！"锉也插进嘴来说，"当然，刨子和锯都是缺少不了的工人。我可更是少不了。我在你们大伙儿后面，讲究地把事情做得更周到，把所有剩下的粗糙地方都修饰好。"

"是真的吗？"锯说，"真是一个艺术家！……"

锯说了半截不说了，把锯木板的工作也停下来。过后又接下去说："我的锯齿有点儿钝了。这木头已经是最坚硬的一种。我会锯松树或者云杉，我也会锯橡树。橡树是这样坚硬，把最锐利的锯齿都弄钝了。喂，锉，你来给我锉一下锯齿！"

"啊哈，你可少不了锉啊！"锉一边说，一边给锯去锉牙齿。嗤嗤，嗤嗤——就这样，把所有的锯齿都锉了一遍。"你瞧我的本领！"锉做完了它的工作说，"没有锉就是锯也锯不成木头。"

锯想找话来反驳，但是没得到机会。主人把它挪到一旁，手里又拿起了凿子。

凿子高兴地说："好，这回可轮到我了！你们谁也不会凿，只有我会，还有……""没有我，你是做不成的，"锤子接下去说，这会儿它已经被主人拿在手里了。"乖乖地去工作，别偷懒！"锤子一边说，一边朝着凿子的柄打下去。

"哎呀！"凿子尖叫起来，"不要使那么大的劲打！你快要把我的柄打碎了！"

"怎么不该打呢？你真是个懒货。不这样，你就不去工作。假如不那样敲你，你别想凿进木头里去。还有你们，钉子，没事躺着干吗？快开步走！"

锤子便使劲把钉子一个接着一个地钉进去。每打一下，钉子便尖叫一声，可是谁也没听到，——锤子敲得这样响，把它们盖过去了。忽然一个钉子半腰上弯了起来。

"唉，打得不是地方！"钉子趁主人手里的锤子停顿一下的当儿说，"这不合规矩！不要从边上打，要从上往下打。"

"没关系，还可以改正，"锤子说，"是我把你敲进去的，还得我把你拔出来。"说完这句话，锤子便转过身来，用自己那分叉的、向后弯着的鼻子把钉子的头抓住，一下子便把钉子拔出来了！只拍两下，锤子便把它敲直，重新钉进木板里去。

"我最重要！我最重要！"锤子边敲钉子边嚷着。

忽然从什么地方传来低沉、苍老的声音："喂，喂，别吵了！吵够了吧。"这是架在主人鼻子上的眼镜在说话。眼镜趁主人把锤子放下的时候插嘴进来，这时候工场里变得稍为安静一些了。

"你们为什么吵嘴呀？"眼镜接着说，"要知道你们都是一家人，都是亲族啊。你们不读书，什么学问也没有。而我跟着主人读过许多书——有厚的，也有薄的。嗯，那儿有一本关于你们的书。书里面说，你们都是石头变的。"

"岂有此理！从石头变来的？"斧头抱屈地说，"我是用光亮的钢制造出来的，我的柄是用结实的木头做成的。"

"是这样子，"眼镜说，"你是钢的，但是你的老老老老老祖宗是石头。好多好多年以前，还没有人知道钢铁是什么东西，人的手里拿着锐利的石头，像斧头一样用来斫伐。到后来，为了使工作更方便，便在石头上缚上一根木柄。锤子先前也是石头的，锯也是……"

"锯也是！"锯抱屈地嚷起来，"用石头什么也锯不成。"

"为什么锯不成呢？当然不是用普通的石头来锯，而是用有齿的石头。为了做成这种有齿的石头，人们要劳动许多天。这种锯虽然不好，可仍然是锯。"

"嗯，假如是这样的话，"磨刀石说，"那么工厂里面就数我最重要了！我的资格最老，我是天字第一号的工人！我始终是石头。"

磨石的圆盘一边说，一边更快地转着，磨着斧头，飞射出一条条光辉的蓝星星——火花。

"你一点儿不重要，也不是第一！"眼镜唠叨着，"今天主人来做工作，把我从口袋里掏出来，擦干净了，架在鼻梁上。于是我就跟他去看木板上的光荣榜。你们以为它只是普通的木板，其实它是特别的。木板上面写着谁是工场里面的头一名工人。"

"上面写的准是我的名字，"锯说，"你知道这块木板是我锯的啊。"

"不对，上面是我的名字，"刨子说，"你知道这块木板是我刨的啊。"

"不对，"锤子说，"挂木板的那个钉子还是我钉的哩。"

"都没猜对！"眼镜说，"这不是工具的名字，而是人的名字。要知道，如果没有人，我们一点儿作用也起不了。人把我们发明出来，人把我们制造出来，人使用我们来工作。"

"光荣榜上写的是工场里最优秀的工人彼得洛夫·华西里·伊凡诺维奇的名字。这是我主人的学生。先前人们都叫他的小名华夏，因为他年纪轻，而现在都称呼他的全名了。他一天开动脑筋做的工作，别人三天也做不完。这都是他勤劳肯干得来的。"

这时候，所有的工具都抢着说："谁不知道华夏！他把我们拿起来，用了以后总是放回原来的地方。按时磨，按时校正。我们谁都听他的话。锯在他的手里锯起木板来像切牛油一样，刨子刨起木板来就像鸟飞一样。"

"连我的主人也并不自高自大，"眼镜说，"我的主人看到木板上华夏的名字，也这样说：'好华夏都赶过老师了。还不到二十岁哩，多聪明！真是我们工场里第一名斯达汉诺夫工作者。'"

手艺人的秘密

从前，每个手艺人对周围的人都保守自己手艺的秘密。假如他要把某些合金或者制瓷用的混合物的成分记录下来，他并不写"金""银""石墨"这些字。他把这些大家都了解的字改换成只有手艺人自己才知道的字。他用"太阳"来代替"金"字，用"月亮"来代替"银"字。

普通的、大家都知道的黏土，在他的笔记里用"阿

186

达玛"来标明，"阿达玛"是希伯来文"泥土"的意思。"沙""硫黄"和"盐"这些字，他也写成秘密的字样，不用自己祖国的语言，而用早已没有人用的古语。

除去这些奥妙的文字以外，在手艺人的配方里还有许多奇怪的符号。

水在这里是用尖端朝下的三角形表示的。火也用三角形表示，只是三角形的尖端是朝上的。"盐"用涂黑了的圆圈来代表，"金"用中心有一个点儿的圆圈来代表。"银"改成了半月形，而"铜"改成了圆圈下边画个十字的符号。

灵巧的手艺人为了要保守自己发明的秘密，便想出这些只有他一个人懂得的文字和符号来。

三百年前，意大利有一个老手艺人，发明了制造彩色玻璃的一种新的配方。不但在意大利，连别的国家都赞美他制造出来的杯子和花瓶。大家都喜爱那缠在花瓶上或者杯子柄上的绿玻璃叶和鲜艳的玻璃花。

别的手艺人不论费多大力气，也制造不出这样美丽的彩色玻璃。

手艺人们千方百计地来打听老手艺人的秘密。他们邀请老手艺人去吃饭，想用酒把他灌醉，套出他的秘密来。老手艺人并不拒绝跟大伙儿坐在一起喝酒。当酒打开了他的话匣子的时候，他便大谈自己年轻时候会怎样喝酒和跳舞。但是只要把话头转到关于玻璃的秘密上面，老手艺人便立刻皱起眉头，闭起口来，你不用想他再说一句话。

老手艺人有个儿子，岁数已经不小了。老手艺人连对他也不说出自己的秘密，只怕他泄漏出去。儿子帮助他工作。但是当老手艺人准备配制彩色玻璃的混合物的时候，他便把自己关在屋子里，连他的儿子也不许偷看。

"等着，"他说，"别着急！不会再等多久了。在我临死以前，就把一切秘密全告诉你，让你也发一笔财。我要给你留下一些遗产，但里面最宝贵的就是这本小书。你千万不要把它遗失了。"

于是老手艺人指给儿子看一本褐色皮面装订的书。书页上面写满了看不懂的符号。只有写这些符号的人才明白它的意思。此外，老手艺人还时常发明出新符号来替代旧符号，所以他的笔记越来越复杂。儿子屡次请求他解释一下这些符号，老手艺人总是说："等着，别急。"

有一次，老手艺人病卧在床上。这时按说他应该对儿子说出自己的秘密了，但是他还挣扎着说："也许还会起床的!"但是病势已经非常严重了。终于有一天,老手艺人明白自己是活到头了,他便把儿子唤到跟前,勉强喃喃地吩咐把那本褐色皮面的书递给他。他用颤抖着的手翻开书页,那上面最早写的字迹已经从黑色变成黄色,真是写了不知道多久了。

"现在,"老手艺人说,"你听着。我要把一切都告诉你。"

但当时发生了一件他意料不到的事情。也不知道是他临死的时候记忆已经不中用了,还是眼睛已经看不清东西了,他无论怎么辨认也辨认不出自己的笔迹,想不起那些念不出来的、稀奇古怪的符号和字是什么意思。

那在别人看来是神秘莫测的东西竟然对他自己也变得神秘莫测了。

"等着,别着急,"老手艺人这回又咕哝着,但是他的声音颤抖起来,他故意不去瞧他的儿子,他的儿子正焦急地等着他把一切秘密都说出来。

老手艺人把书一页一页地翻下去,嘴里咕哝着什么,摇了一下头,把眉头皱起来。但无论他怎样努力,还是什么也瞧不懂。

"等着,我歇一会儿便把一切都告诉你。"老手艺人合上眼睛，再也没睁开过。

他的儿子在父亲死去以后，又是悲伤又是苦闷，他很快地把父亲一辈子的积蓄全都花光了。最后只剩下了那本褐色皮面的小书。他想拿它换钱来喝酒，但是没有人肯出一文钱。谁会买一本瞧不懂的书啊！

这是很久以前发生的事情。现在还有一些老人记得，在他们年轻的时候，手艺人们是怎样保守自己的秘密的。

在莫斯科的一个工厂里，有一次大家请求一位老手艺人讲讲他学习炼钢的经过。下面就是他讲给大家听的。

好多年以前，他给一个有名的、学识和经验都丰富的炼钢手艺人当助手。人们都说这个手艺人也知道一些秘密，但是他从来没对别人讲起过这个秘密。他有时候戴着蓝眼镜，往熔炉上的一个小窗里望。至于在那里面看到些什么，他一点儿不说。

往小窗里看过之后，他立刻便知道，熔炉需要添些什么了。

"喂，添点儿石灰。"他对助手说。

至于为什么应该添石灰或者别的东西，他从来不解释，如果你问他，他还要对你发脾气。助手不再问了，但是下决心无论怎样都要猜出手艺人的秘密。

起初他想到关键全在那手艺人时刻不离身的神秘的蓝眼镜上。有一次，手艺人有事情走开，把眼镜忘在桌子上，

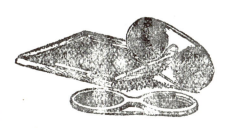

炼钢工人的蓝眼镜

助手赶快把它架在鼻子上，走近那早已想看的小窗口。

先前，他不止一次地走近这个小窗口，但是看熔炉像看太阳一样困难。炙热、明亮的火焰照得人眼睛睁不开而且发痛。手艺人嘲笑道："你的好奇心已经过分了。"

这一次，有蓝眼镜保护住眼睛，受不到难忍的热气和闪光。助手终于看到熔炉里是怎么回事了。在那白色的火焰里面，沸腾着铁水。白热状态的铁块在里面已经熔化了。透过蓝眼镜，可以清楚地看到炉子里的变化，然而仍不知道应当怎样去炼钢。

恰恰在这当儿，手艺人回来了。助手正被奇妙的景色吸引得入神，一直等手艺人走到熔炉跟前才发觉。

"嗐，你！"手艺人说，"活像寓言里的猴子，就是戴上眼镜，也聪明不了多少。"

助手并不死心，他一定要把手艺人的秘密打探出来。

他不止一次瞧见手艺人往一个小本子上写东西。

"要是能够看看这个小本子多好，"助手心里想，"上面大概写着：熔炉里放些什么东西，放多少，怎样熔炼。"

有一天，手艺人匆忙间把他心爱的小本子落下了。助手赶紧拾起来，翻开来看。

"好，"他想，"这回秘密可落到我手里了！"

可是这一次他仍旧没有知道秘密。本子上从头到尾写满了数字和看不懂的符号。助手费了半天劲，什么也辨认不出来。显然，手艺人是很看重自己的秘密的，故意用这些只有他一个人懂得的符号来代替字。但是助手是个顽强的小伙子。他还是专心致志地观察手艺人做的一切事情。

有时候手艺人从熔炉里取出样子看钢是不是已经炼好了。他根据钢的样子，根据断裂的地方，知道还应该添些什么原料，或者是不是已经炼好。助手把扔了的样子捡起来带回家去。空闲时候，他便在家里仔细观察，并且用心去研究它们之间有些什么不同。

过了许多年，助手自己成了手艺人，而且比那个老手艺人还厉害！工厂里大家都知道，尼古拉·伊凡诺维奇炼起钢来，比他的年轻同伴们又快又好。

有一次，炼钢工人们聚集在一起讨论要使熔炉炼得更快，该怎么办。有一个年轻的手艺人说："我们应该去问问尼古拉·伊凡诺维奇。他大概懂得一些秘密，他的熔炉是很听话的。"

尼古拉·伊凡诺维奇笑了笑说："我什么秘密也没有，只是有知识和经验。从前，老手艺人一切都保守秘密。那是为什么呢？是因为手艺人想：教给别人对我有什么好处呢？大伙儿都知道了我的秘密，就不会再看重我了。我的工资就会减少。如果不是我保守这点儿秘密，主人早就把我从工厂里赶出去了。

"然而现在——在苏维埃工厂里——假如手艺人工作的成绩好，并且把自己知道的教给别人，那他就更受人尊敬。我应该把自己的一切都献出来。你们只要想学习，所有的大门都在你们的面前敞开着。

"我愿意把我的秘密公开出来。我要把我知道的都告诉你们……"

不但是老手艺人，就是青年工人也愿意跟大家交换知识和本领。

在我们的一个机器制造工厂里，发生过这样一件事情。

有两个姑娘——娜佳和华里雅在那儿工作。她们从小就是好朋友。一块儿学习旋工，一块儿进工厂工作。她们在工作的时候也是不分离的，因为她们的车床紧挨在一起。

有一天娜佳对华里雅说："我们工厂里，大家正在进行竞赛。让我们俩也竞赛一下，看谁一天做的零件多。"

两个姑娘便动手工作起来。紧张地工作，一分钟也不白白放过去。她们想起从前在学校操场里赛跑的情形。

从头一天起，娜佳便走在前面。一切都很顺利。而华里雅不管怎样努力，却什么进展也没有。她越是着急，出的废品越多。

华里雅整夜睡不着觉，她在想怎样才能够赶过娜佳。第二天，她到工厂比谁都早。她把车床用抹布擦得很干净，工具架里的工具也摆得特别整齐，使得每件车刀都

在这样的车床上，人们铁削螺丝、螺栓、螺丝帽。

一拿就到手。

　　她动手去工作，连娜佳也不看，除去工作，什么都不去想。等到车床旋完了一个零件，她已经把第二件要旋的毛坯准备好。她开始高兴起来，工作也就进行得更快。

　　晚上，她们计算这一天每人做了多少，看出华里雅虽然成绩很好，但是娜佳的成绩更好。华里雅完成了一个定额，而娜佳完成了一个半定额。定额就是交给每个人每天的工作任务。

　　华里雅苦苦地思索着，不知道自己应该怎样做。

　　老手艺人忽然走过来，对她说："你怎么啦，华里雅，这样地不高兴？是因为落在朋友后面，心里别扭吗？你去请教她好了。"

　　"她会高兴教我吗？你知道我们正在进行竞赛啊。"

　　"你真糊涂，"老手艺

华里雅完成了一个定额，而娜佳完成了一个半定额。

人说，"你知道你好也就是大家好。假使许多人都能够像娜佳那样，我们的工厂就要变成一个优秀工厂。我们就可以献给国家更多的机器。"

华里雅听了老手艺人的话，下班之后便走到她的朋友跟前说："娜佳，你告诉我，你究竟是想的什么好办法，能够一天完成一个半定额。"

娜佳说："我也早就想跟你谈了。你如果愿意，现在我们留在这里，我把一切都指给你看。"

过了几天。车间里大家都开始注意起来。华里雅的工作做得越来越好。她的车床用最高的速度工作着。车刀下面的铁片屑像飞似的落下来。华里雅赶上娜佳，后来又超过娜佳：一天完成了两个定额的工作。这时候娜佳走到华里雅跟前说："现在该轮到你来教我了。你大概想出了些什么新办法，我已经赶不上你了。"

从这时候起，她们就这样地互相追赶，互相学习……

假如跟我们的工人们谈话，他们能够想起许多这样的事例。我们每个人都应该努力帮助同志，不要把自己的经验和知识保守秘密。你知道我们大家的利益是共同的。

四 神奇的仓库

关于神奇的仓库

世界上有一种奇异的仓库。春天，你把一袋谷物放到里面，到了秋天，你看——仓库里已经不是一袋，而是二十袋了。一桶马铃薯在奇异的仓库里变成了二十桶。一小撮种子变成了一大堆黄瓜、红萝卜、西红柿、胡萝卜。

你看见过有两只翅膀的种子吗？你一吹它，它就飞起来。这样的种子到了奇异的仓库，放在那儿——你瞧，从前是带翅膀的小种子的地方，现在立着一株茂盛的树，而且是这样粗，你连抱都抱不过来。

这是不是神话啊？这不是神话。奇异的仓库的确是有的。你大概已经猜着它叫什么名字了。它的名字叫作"土地"。

现在你正坐在桌子旁边读这本书。桌子和书都是用树木制成的，而树木是从播在土地上的小种子成长起来的。

有两对翅膀的槭树种子。它们用翅膀从槭树上飞出去，飞得很远。

你的衬衣是用亚麻制成的。而亚麻也是从播在土地上的种子成长起来的。春天，人们把仓库打开——用锐利的犁来耕地。然后把种子放到里面去——在田地里播种谷物。然后重新把它关起来——用土把种子盖起来。人们不但把谷物放到仓库里，而且也把马铃薯和蔬菜秧放进去。到了秋天，主人来取那奇异的仓库替他储藏的东西：堆得像小山一样的谷物、马铃薯、胡萝卜、黄瓜、白菜。

但是奇异的仓库只听好主人的话，不听坏主人的话。坏主人来了，可是他并没有得到谷物、胡萝卜、白菜和别的蔬菜——他得到的只有杂草。杂草是从哪儿来的呢？它是从这儿来的。到了该播种谷物的时候，坏主人并不把好的种子选出来，而是把谷物的种子和杂草的种子一股脑儿都播撒出去。

杂草高兴人们把它当黑麦或者小麦播撒出去。它不是一天一天地长，而是一小时一小时地长，并且把谷穗压倒，夺取了它的水分，遮住了它的阳光。

连菜园里，杂草也蔓延起来。应该给田垄除草，把杂草拔掉。然而坏主人并不除掉菜园里的杂草——结果在他的田垄上长满了杂草。

关心的主人就不是这样。他爱护自己的财产，并不把它扔在一边不管。他挑选很好的种子，给土地施上应该施的肥，把土地耕得深深的，而且及时地收获粮食，不损失一粒谷子。好主人不让杂草在田地上和菜园里生长，并且像对最凶恶的敌人似的跟它们进行斗争。

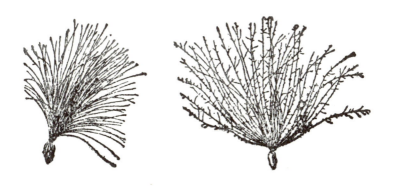

两种杂草——左，苦菜；右，蓟——的种子，上面有毛会把它们带得很远。

这就是为什么奇异的仓库供给好主人的东西多而供给坏主人的东西少的道理。这是什么意思呢？这就是说，如果不去工作，最奇异的仓库也做不成奇迹的。如果工作又好又努力，到时候，即使你不想念奇迹，奇迹也自然会出现的。

从前，在十月革命以前，俄国农民的生活是很艰苦的。农民的土地很少，因为许多土地都给地主占去了。他不但没有钱买播种机和割草机，连最简单的步犁都买不起。在他的一小块土地上，连马和木犁都转不过来，更不必提用机器了。

农民把杂草种子跟谷物一起播撒出去，因为他并没有那把黑麦和小麦跟杂草种子分开的机器。

只有地主和那自己不劳动、雇佣贫农的富农才买得起机器。可是，当所有的土地归我们公共所用，归国家所有，并且农民的小块土地合并到大集体农庄里去的时候，事情就变成另外一个样子了。苏维埃国家帮助集体

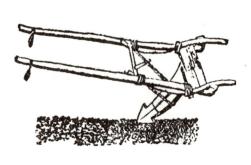

十月革命以前俄国农民用的木犁

农庄庄员们建立了机器拖拉机站。在这些拖拉机站里有许多强有力的、敏捷的机器。

一架机器耕地，另外一架播种，第三架收割，第四架打谷——把谷粒从谷穗上脱下来，第五架簸谷和精选——把好的谷粒挑出来，把坏的扔掉。

到了该耕地的时候，拖拉机便从拖拉机站里开到集体农庄去。它可以同时拉着九只犁一起去耕地。

到了该收获的时候，人们便叫联合收割机来帮忙。这是一个最敏捷的工人，它同时可以做许多事情：又刈割，又簸谷，又打谷，又把粮食装到口袋里去。

我们的工程师还发明了许多别的奇妙的机器。

马铃薯通常是用手来栽种的，工程师们已经发明了马铃薯栽种机。机器沿着田地走，自己耕成犁沟，自己把马铃薯从箱子里拿出来，自己把它扔到土里去，并且用土盖好。

工程师又发明出来会栽秧的灵巧的机器。它一下子在犁沟里栽种六株秧苗，并且用水浇灌好，让秧苗去慢慢地喝。再走一步——又栽种上六株秧苗。

一位保姆同时照料六个孩子——这是一位多么好的保姆啊！

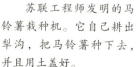

苏联工程师发明的马
铃薯栽种机。它自己耕出
犁沟，把马铃薯种下去，
并且用土盖好。

苏联的栽秧机一下子在犁沟里栽种六株
秧苗，并且用水浇灌好。

　　我们工人们在工厂里制造了许许多多新的机器助手。
在集体农庄的田地里，工作一年比一年进行得更快更
整齐。

　　古时候，农民从来不知道他的土地是不是能够养活
他，不知道这一年粮食的收成是好还是坏。然而现在我
们人并不坐待自然的恩赐，而是强迫它来供给人们需要
的一切。

　　苏维埃人给土地施肥，栽培新的更好的植物品种，
把沼泽的水排干，灌溉缺水的沙漠，用森林来挡住炙热
的旱风的路。于是，为了奖励他们的劳动，奇异的仓
库——土地——便供给他们更多的粮食、水果、蔬菜、
亚麻和棉花。

人们怎样叫河流在集体农庄里工作

一条小河流过村庄。它一岸又高又陡，一岸却比较低。在高的一岸上有些房屋，低的一岸上也有一排排的房屋。夏天人们涉水渡过小河，冬天就在冰面上走过去。

小河一向很快活，很喜欢说话。它老是向前赶路，一分钟也不停歇。好像它的工作多得连休息的时间都没有了。可是它的工作对人们没有多大的好处。

它里面的鱼并不多。孩子们拿着钓竿常常坐上好几个钟头。可是把全部钓上的鱼给猫吃，连猫也吃不饱。可见河里的鱼的确很少。

夏天，河水变浅了，没有一个地方可以让游泳的人好好游泳。可是春天，河里的水又增多了。水一天天地涨高。住在高的一岸上的人倒还不害怕。可是在低的一岸上，河水泛滥出来，把草地淹没成一片汪洋。房屋和树木都浸在水里。人们要从这一幢房屋到另外一幢房屋去，就得乘船。从房屋的台阶上就可以直接跳上船去。

在集体农庄里，大家都有自己的事情，只有小河闲着没事干。成年人工作着。孩子们去上学，游玩，在家里帮着料理家务，到树林里去采蘑菇，采野果。马匹运送木柴、种子、肥料等等需要运送的东西。乳牛供给牛奶，绵羊供给羊毛。集体农庄果园里的苹果树每年给人们送来整堆又大又甜的苹果。田地和菜园、草地和森林也都忠诚地替人们服务。没有田地和菜园，集体农民就没有粮食和蔬菜，燕麦和干草。没有森林，就没有建筑房屋的木料和烧火用的木柴。

大家都在忙着做事情。只有小河，自个儿爱怎样就怎样，谁的话也不听。有一天，集体农庄庄员们开会决定：也应该叫小河来做些事情。小河会做些什么呢？你要它做什么它就会做什么。不过你应该会训练它去做工作。这样的工人对什么事情都会感到高兴的。

小河可以在家里帮助料理家务，在牛奶房里挤牛奶，在田地里耕地，在菜园里浇黄瓜，并且还会做许多别的各种各样的工作：打黑麦，锯木料，碾谷物，剪羊毛，甚至于还会唱小曲和讲故事。

如果往河那儿看看，便可以立刻看出它是非常强壮有力的，春天，它连很大的木头也能够很轻松地搬动，仿佛这不是木头而是木片似的。当你游过小河的时候，你不得不跟它搏斗：你要一直游，它偏偏照它自己走的方向把你带到一边去。

可是这样的力气统统白费了！

那么怎样叫河流去工作呢？

要它去工作，就应该先叫它别跑，告诉它说："先把我们叫你做的事情全部做完。然后再去干你自己的事情。"但是怎样抓住河流叫它别跑呢？应该用高高的墙——堤坝——来挡住它的去路。可是它如果把这个堤坝推倒怎么办呢？

应该把这个堤坝修筑得很坚固，不让河流推得倒才好。在河底上打好一排结实的木桩。木桩之间的口子用厚木板做的闸门关起来。

集体农庄庄员们也照这样来对付他们的河流：在乡村附近选择适当的地方，用堤坝来挡住河流。河流还像从前那样把所有向它流过来的小溪、小河和泉水都汇合起来。每次下雨还给它增加更多更多的水。所有这些水都流向堤坝。可是到了那儿，水不管愿意不愿意，都得停下来：大门给关上了。

河流试着摇撼木桩——可是摇不动。木桩深深地打进河底，站得挺稳。河水于是便在木板之间去找寻有没有裂缝。然而堤坝是聪明的人们建造的，上面连条小缝

205

都没有。水这时候就开始上涨，越来越高。但是堤坝也很高，河流漫不过它去。

水越来越多。把这许多水放到哪儿去呢？向前进不行——堤坝不放它过去。水只得停留下来，给人征服了。水在堤坝前面越涨越高，高过了两岸，就从岸上流开去，分散到周围。

人们把河流拦住，就在这个地方造成一个池塘。在堤坝以上的池塘里，河水深得够不着底，而堤坝以下，河流完全变浅了。

在过去河流自由自在地已经生活了许多年啊！它不依照人们的命令，随它自己的意思涨高，溢出了河岸，在当时，这好像已经变成了老规矩。现在，人们却忽然对它说："站住！"并且开始来指挥它了。

人们用堤坝拦住河流，造成了一个池塘。右边的房屋是乡村水电站：水在那儿转动涡轮机。

人们知道，要长期俘虏河流是困难的。你知道水继续在流过来，你看它会漫过堤坝，跑到海里去。我们把水围起来是为什么呢？你知道把水抓住是为了叫它先工作，然后再放走它的。

于是人们从池塘里引出一条小路——一条狭窄的渠道，让水能够绕过堤坝重新走上到海里去的路。而在这条小路上，人们装置了灵巧的有轮子的机器——涡轮机，不过不是蒸汽涡轮机，而是水力涡轮机。在蒸汽涡轮机里工作的是蒸汽，在水力涡轮机里工作的是水。

水高兴人们最后让它得到了自由，于是便沿着新的小路飞跑起来。小路恰恰把它引到了竖立着轮子的陷阱。水连跑带跳地往下流到陷阱，就把轮子转动起来。

人们要的就正是这样。

你知道他们把涡轮机从城市里运来并不是没有目的的。在涡轮机上，他们用木头建筑了一间小屋——发电站，在那儿装置了会发电的机器。要这机器去工作，应该使它很快地旋转起来。可是怎样使它旋转呢？假如用手，像摇缝纫机似的，没有这么大的力气。这时候人们就得用涡轮机了。

水沿着渠道飞跑，一路哗啦哗啦地往下跑到陷阱里，

集体农庄庄员竖立起电线杆子，把电流引到集体农庄来。

把涡轮机的轮子转动起来。于是涡轮机带动了那发电的机器。电流沿着田野和草地上空的电线走去。这些电线是集体农庄庄员们预先架设起来的。

人们把电线杆子一根一根竖立起来，把电线架在上面。那么电流往哪儿去呢？它从发电站一直朝着集体农庄走去。它在那儿的每间小屋里都看一看：替谁把水壶里的水煮开，替谁把电炉上的饭煮熟，替谁把衬衣用熨斗熨平。

在那儿，在到集体农庄去的路上，它又看看牛奶房，并且帮助挤奶的女工人来挤牛奶。

集体农庄里有一些很难挤出奶的乳牛，从前，女工人在给它们挤奶的时候很吃力。可是现在，把电气挤奶器通上电流：它便会自动给乳牛挤奶，而且挤得多快啊！挤出的牛奶流到了大桶里。挤奶的女工人只要站在一旁照料着，使得一切都正常地进行。牛奶房里进行的工作已经完全跟过去的方式不同了。现在，一个挤奶女工人能够一下子挤两头牛的奶——用两架挤奶器。

集体农庄里的电气挤奶器。地上就是挤奶的机器，有管子连到乳牛的乳房。

但是电流会做的事情还不只这些。在羊圈里，电流通过机器来剪羊毛，剪得真不错——又平整，又留得短。在磨坊里，电流碾磨谷子。在锯木厂里，它把木头锯成木板。

电开动机器，街上的灯也亮了，电炉的饭也煮熟了，无线电也广播着新闻。

集体农庄庄员们看着河流，满心欢喜地赞美说："我们的河流真是万能的技师。晚上它供给我们光——把屋子里的灯点亮：看书，写字，随你的便。而我们想歇一会儿了，它便用无线电给我们唱歌，讲述世界上的各种事情，并且在电影院里放映电影。你知道电影和无线电也是需要电流的。"

从此以后，电流就是这样在集体农庄里工作起来。

你问："这个叫河流在那里工作的集体农庄在什么地方啊？"

这个集体农庄就"近在眼前"。现在苏联就有许多这样用河流来帮忙的集体农庄。在许多集体农庄里，街上已经有了电灯，屋里有了电炉，牛奶房里有了电气挤奶器。你无论到哪儿去瞧，到处都有电在工作着。

从前，乡村跟城市一点儿也不相像。

你无论到哪一个乡村里去，到处都是一样：曲折的街巷，篱笆，草屋，熏黑了的矮墙，陷在泥里走动不得的大车，装着会轧轧作响的辘轳或者桔槔的木头井台。一到晚上，小窗里都是煤油灯，如果不是月亮在上头可怜行人，如果不是它担负起给人们照亮的任务的话，街上简直漆黑得辨不出路。

从前的乡村就是这样，到处是草屋，篱笆，有辘轳或者桔槔的井台。

你跑到田野里——那儿耕地的正在使劲地按着木犁，吆喝着他的瘦马，或者是播种的从提篮里拿出种子来播撒出去，或者是割麦的弯着腰，老是那么挥动着镰刀。

在今天的乡村里，拖拉机犁已经代替了木犁，播种机代替了提篮，联合收割机代替了镰刀。在今天的乡村里，连生活都是另外一个样子了。

从前，在冬天，乡村里的青年们晚上都要围着火聚在一起，在那儿，燃起了松木片或者煤油灯。

然而现在，许多集体农庄里的人们晚上总是把家里或街上的电灯点亮。乡村里还有俱乐部，有图书馆，有学校。

不久我们会有这样的一些集体农庄，那儿你简直不能够再叫它们乡村。如果在乡村里面住着几千几万人，如果住宅里连电灯、自来水都有的话，这是怎样的乡村啊！如果乡村里的街道是柏油铺的，柏油路上飞驶着汽

集体农庄中心的中央大街，四面都是高楼大厦。

211

车，这是怎样的乡村啊！集体农庄的中心是中央大街，四面都是高楼大厦。那儿不但有村苏维埃和集体农庄管理处，还有剧场、医院、图书馆和百货商店。离得不远的地方是一所学校，占着一座很大的房子，跟莫斯科的学校一样。

在这样的集体农庄里还会有电影院、运动场和绿荫浓密的公园。

如果四面不是田地围绕着的话，如果没有拖拉机和联合收割机在田地上的话——每个人都会想，这个乡村跟城市简直没有什么差别了。

谷物是怎样在荒野里成长起来的

离村庄不远有一片荒野。那儿曾经生长过一片树林。但是这已经是很早的事了。树林剩下来的只有树墩，还有在什么地方生长着一些矮树丛和小树。地里很多石块。有些石块是这样大，孩子们在玩捉迷藏的时候可以藏在它后面。孩子们在荒野上玩得很高兴，他们从来不关心什么土地荒废不荒废。成年人却咒骂着这块土地：种谷物也不行，种马铃薯也不中用。

集体农庄庄员们不止一次地想道：为什么会把这片地荒废了呢？怎样才能够把坏地变成好地呢？要把这件事情办好得花费很多精力：要把树墩连根拔掉，把石块搬走，把矮树丛铲去。

有的树墩的根深深地扎在地里，用多大力气也拔不动。有的石头一点儿也挪不动，特别是深深埋在地下的石头。

可是有一次孩子们看到：工人带着机器来到了荒野。这些机器是稀奇古怪的。孩子们还从来没有看见过这样的机器。

拖拉机出发了，它后面拖着一个有许多齿轮和一个大钢轴的东西。轴上卷的不是线，而是用钢丝做成的粗缆。拖拉机走近第一个树墩便停下来。工人拿斧头在树墩上刻好缺槽，然后把粗缆系在这个缺槽上，把拖拉机紧紧系在树墩上，好像把船系在码头上似的。

孩子们一边看，一边惊奇地说："把拖拉机系上是干什么啊？是怕它跑掉吗？"

这时候工人拉着卷在轴上的粗缆的一端，把绳圈扔到后面的一个树墩上。

工人把这一切做好，便对拖拉机手说："开吧！"

除根机正在拔树墩。

拖拉机手扳动手柄，所有的齿轮立刻都转动起来，好像钟表里的一样。轮子一个推动一个，钢轴也就跟着转动起来，把卷在上面的粗缆卷紧。粗缆像弓弦似的拉得紧紧地，把树墩从地里拉出来。粗缆是很结实的，但是也怕给拉得太紧会拉断了。

这时候孩子们懂得拖拉机为什么要系起来的道理了。如果不把它系上，当使劲把树墩从地里拉出来的时候，它会没法在那里站稳的。

树根发出噼啪的声音，一根根地给拔出来。树墩摇动了，好像活了一样。它用树根抓住土地有多少年了啊！现在就要叫它从住惯了的地方动摇起来。泥土从根上散落下来，底下留下了一个坑，黑黝黝地好像地面上的窟窿。

机器把树墩拔掉了，机器上面转动的齿轮也立刻停止了。工人们管这架机器叫绞车，它的真名字叫除根机。这架除根机一点儿也不怠慢，又走到另外一个树墩那儿。它就这样一个个地把树墩从地里拔出来，好像拔牙齿一样。不到半个钟头，它就把十个树墩全拔出来了。

孩子们看完了这架机器怎样工作，又跑到另外一个地方去看——那儿正在搬石块。

从很早的时候起，在那儿的地里就埋着一块灰色的大石头——它埋得很深，只露出一个圆圆的顶。一架机器走到大石块跟前，用钢爪把它抓起。爪子是弯曲的，又长又粗。拖拉机手把机器往前开。机器便用它的爪子把石头从地里抓住，把它抓起来，好像从面包里把葡萄干挖出来一样。

孩子们刚看完这个便又跑到第三架机器那儿。你知道机器是一架比一架奇怪的，都该来见识见识。

孩子们看到：拖拉机的履带爬行着。在拖拉机前面走着树丛砍伐机，这架机器就好像平底船的三角形的船头。平底船在河里用船头来划开水面。树丛砍伐机却飞快地穿过树丛，把树丛铲掉。不单是矮树丛，连那不太粗的小树都给铲断了。小树倒在砍伐机上，砍伐机可满不住乎地把它们推到两旁，继续向前硬闯。只要是它去过的地方，就什么都给它铲光了，只有左右两边躺着那些铲下来的树丛和小树。

跟在砍伐机后面的是一种很大的耙，它用十根耙齿把矮树丛和小树收集成垛。甚至于在神话里也没见过这样的耙！

工人们在荒野里拔掉树墩，搬走石块，铲去矮树丛。这时候荒野真真变成荒野了。在它上面什么也没有剩下来。只剩下那些黑黝黝的窟窿。

第二天，孩子们又跑到荒野里来，那里工作又在紧张地进行着。拖拉机在荒野上走动，大犁跟在它后面爬行。真好的犁啊！地里很多石头，有的地方还剩下树根。然而犁并没把它们放在眼里，用三只刀子把地面切开，用三只犁铧从下面把地层割开，用三个犁板把地层掀起堆积在一边。犁后面，三条犁沟就这样伸展出去。

这时候，不光是孩子们，全集体农庄的人都聚拢来了，甚至年纪最老的爷爷也从热炕头上爬下来，拄着拐杖蹒跚地走来了。集体农庄的庄员们看得发呆了。从前荒地是不中用的，它一点儿用处都没有，现在变成了很好的地，地给开垦起来了。

老爷爷特别惊奇，他说："我用木犁耕过地。可是现在我们的工人制造了这样好的犁。"

这是秋天的事情。到了第二年春天，当集体农庄的庄员们开始播谷的时候，他们决定也在荒地上播种。人们说，不让它再荒下去了！好，为了播种、让谷物生长、收割，也应该去做不少事情。

耕地，这不过是事情的一半：耕过的土地应该耙松，使它完全变成小团粒。凡是地面坚硬结实的地方，那儿的谷物就长得不好。除此以外，还应该把土地收拾干净，使得没有一个地方有杂草，完全没有一点儿杂草。

春天，在集体农庄的田野里，机器又来了——不过不是秋天来的那一些，而是完全别种样子的机器。当然，没有拖拉机可不行，只是现在要叫拖拉机做别的工作了。拖拉机用履带来转动，在后面拉着一个耙。耙用齿把土耙松，并且把杂草拔掉。另外一架机器用尖锐的钢爪子把杂草的根割断。

集体农庄的庄员们已经把土地准备好可以播种了。在那从前的荒野上新开垦的土地也可以不再荒废下去了。它闲了多少年，现在是它做事情的时候了。这时候，人们开始播种小麦，但是不是用手，不是用提篮，而是用播种机。播种机在田野上走动，同时用二十四只开沟器在地面上划出二十四条犁沟来。那开沟器是一种有钢尖的管子。钢尖冲到土壤里面去，便得出一条深深的痕迹——犁沟。种子便一条线似的顺着管子跑到沟里去。这时候泥土便从沟的两旁坍落下来，把种子埋在里面。

播种机的箱子里带着许多种子，整整有一袋或者还不止一袋。老爷爷又从炕头上爬下来，蹒跚地走来。"还有播种机！"他说，"可是我从前还拿着提篮来播过种呢！"

夏天，种子长成了麦子。田地里都是好麦子，就是原来是荒野的那块地上也不坏。这也不奇怪：它刚一长起来，农民就忙着去照料它，给它除草，把它从敌人——杂草——手里解救出来。

收割粮食的时候到了，机器又来给人帮忙。

从前，人们用镰刀来收割，用连枷棍来打谷。这是一项艰难的工作。

这时候，田地里来了一个叫作"联合收割机"的大机器，来给田地剪头发。联合收割机的边上是像长臂一样的卷轴。联合收割机用卷轴来抓住麦穗，把它弯向刈割机。在刈割机里有许多小刀前后走动来割穗。麦穗跑进联合收割机，在那里边有脱粒机，它把麦穗上的麦粒打下来。

联合收割机上面是个小平台。小平台上站着一个像船上的舵手似的联合收割机手在转动驾驶盘。他转动驾驶盘，就可以把麦穗依照需要来刈割，就像你在理发馆里剪头发，并不需要剪得总是一样长，有的时候也需要剪得短一些。

联合收割机手一拉绳子——立刻便有一堆麦秸从联合收割机里倒在田地上。一辆载重汽车开到它旁边，谷物便沿着管子倒进车里去。联合收割机手的工作真好——你只要供给载重汽车，就可以把粮食搬走。

集体农庄的庄员从自己的田地里收获了许多粮食，而荒野也不辜负他们，集体农庄的庄员也不再去抱怨荒野了。荒野就是这样变成沃土了。

麦子的敌人和朋友

麦子有许多敌人。如果它没有强大的朋友的话，它就很难生存下去。

这个故事就是要谈谈麦子的敌人和朋友。

当谷物刚刚运到谷仓里的时候，那凶恶的强盗已经在那儿等候着它了。

身材最大、样子可怕的强盗就是"仓鼠"———一种牙齿锋利的灰色的大老鼠。

仓鼠从邻近的房屋来到谷仓里，住在谷仓里的地底下。

冬天它常常想法住在房子里的炉火旁边。它是生在温暖地带的，一点儿也受不起冻。这也难怪：它的毛很稀疏，耳朵和尾巴部分完全没有毛。

夏天，仓鼠搬到别墅去，或搬到谷仓里去住，这样取得食物方便些。

它就这样一生一世在

灰色的仓鼠——谷仓里的凶恶的敌人

人们那里做"食客"。人们建造房屋，人们升起炉火，人们播种粮食。而仓鼠就住在这房屋里，在炉火旁边取暖，吃那没有播种下去的谷物。

谷仓里，麦子也有另外的敌人——灵敏的小老鼠。

家鼠也来糟蹋许多粮食。

它在冬天也住在房屋里——所以人们都管它叫"家鼠"。夏天，它到菜园里去，并且像它的亲属——田鼠——似的给自己挖一个小洞。秋天，它搬到谷仓里去住，那里离潮湿的地方远，而且靠近粮食。

第三个敌人十分小，它有一个长长的鼻子。所以人们管它叫"象鼻虫"，象鼻虫住在谷仓地板缝里。它不喜欢过堂风，时常隐藏在阴暗肮脏的地方。它栖身在缝隙里，希望人们快些把粮食搬到谷仓里来。

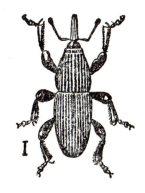

身材虽小但很凶恶的粮食的敌人——象鼻虫。图上的一条黑线表示它的实际身长。

谷物还有另外一些敌人——杂草的种子。它跟谷物从田地里一起来到谷仓里。当谷物还在穗上像在摇篮里那样摇晃的时候，杂草就拼命夺取穗的水分，遮住它的阳光。

假如杂草会说话，它就会告诉人："在这块土地上，我们还是在它不是田地而是树林和沼泽的时候就生长起来的，但是人们砍伐了树林，排干了沼泽，开垦了土地，把黑麦和小麦交给土地。现在我们草却悄悄地钻到田地里。当人们收割的时候，我们混进粮食口袋里。当他播种的时候，他无意地把我们的种子也播撒出去。"

仓鼠、家鼠、象鼻虫、杂草——它们都是谷物的敌人。但是比什么都凶恶的是那细小的敌人——灰尘里的黑穗病菌。当麦子在田地里结穗的时候，它便拼命钻进谷物里来。

黑穗病菌被看不见的灰尘夹带着，随风飘荡。假如它那细小的微粒——孢子——落到花上，它便会在那儿发芽，潜入子房里去，潜入麦粒里去。

谷物有许多敌人，然而谷物仍旧没有死，因为它有强大的朋友和保卫它的人。

当大老鼠和小老鼠来到谷仓里的时候，它们在那儿粮食上面找到了这样一顿从来没见过的美餐。有人给它们准备好了点心——许多块有牛油和糖的黑面包。

它们大吃大喝以后，不久就死了：原来点心是有毒的。大老鼠和小老鼠的贪馋把它们自己的命给断送了。是谁把弱小的麦粒从它的凶恶的敌人手里解救出来的呢？这是麦粒的朋友——农民，集体农庄的庄员。

对付象鼻虫也找到了办法。在谷物还没有来到谷仓以前，扫帚和过堂风先在谷仓里散起步来。这对于象鼻虫是不利的。你知道它是不喜欢干净和新鲜空气的。谁把谷仓的大门敞开，谁毫不留情地把象鼻虫从缝隙里扫出去的呢？

这仍旧是麦粒的朋友——集体农庄的庄员。

集体农庄的庄员觉得最困难的事情是跟杂草的种子做斗争。

杂草的种子打算跟谷物一块儿钻到谷仓里去。它们说："我们也是麦粒，我们跟麦子没有什么两样。"但是集体农庄的庄员的脑子并不笨。他立刻看出，杂草的种子虽然也像麦粒，但是并不完全像——麦粒长得个儿大。但是怎样从数不清的麦粒里挑拣出钻到里面去的杂草的种子呢？

在谷物被送到谷仓去以前，集体农庄的庄员在半路上装置了一个机器陷阱。这个陷阱装置得很巧妙。

把麦粒顺着倾斜的管子倒下去。管子不是光面的，上面都是小窟窿。这些小窟窿恰恰是按照杂草种子的大小做成的。麦粒流畅地通过管子，可是杂草种子便陷落到小窟窿里，好像有谁把它们的腿抓住了似的。

还有，集体农庄的庄员怎样把谷物从黑穗病里解救出来的？它能不能够胜利呢？

对付黑穗病菌的确不容易。它住在麦粒里面变成一层薄薄的黑色。你知道麦粒里是钻不进去的。但是集体农庄的庄员知道科学家已经发明出了这样一种方法，它可以杀死黑穗病菌，而麦粒一点儿也不会遭到损害。集体农庄的庄员就用这种方法把小麦从黑穗病那里解救出来了。

集体农庄的庄员就这样战胜了仓鼠，战胜了家鼠，战胜了象鼻虫，战胜了杂草，战胜了黑穗病。它们想用智谋来战胜集体农庄的庄员，可是集体农庄的庄员用智谋把它们都战胜了。但是谷物还有另外一些更可怕的敌人，它们进攻谷物不是在谷仓里，而是在田地里播种的时候。

你知道播种的种子不是普通的，而是精选出来的；它贮藏在谷仓里就是准备播种用的。

在播种以前，集体农庄的庄员用犁来耕地，给地施肥，用耙耙松。坚硬结实的泥土就是这样给碎成团粒。

于是种子落到地里去。它一开始是静止不动的。但它不会睡得很久。种子给水浸得涨起来，发芽了，开始用根来吸收水分，开始用茎往上钻到光亮的地方去。茎往上钻，用窄小的绿叶往亮处张望。一排排都是这样的小叶子，整个田地上都是一片绿色的幼苗。

一切进行得很顺利，但是这时候又来了麦子的敌人。在麦苗中间，有些杂草生长出来了。

你说它们多顽强！

人们还有什么对付它的方法没用过呢？为了把杂草消灭掉，人们想办法把它们的种子摘掉，用犁把它们掩埋起来，压死它们。然而仍旧有一些活了下来。它们在土地上发芽，拼命地生长——长得比麦子还快。集体农庄的庄员不得不重新来跟它们作战：毫不留情地把它们从土壤里拔出来。怪不得人们常说："斩草除根！"

麦子开始生长，生根，聚集力量来过冬。

你知道，这种麦子是冬小麦，在它面前有一件困难的事情——在田地的雪下面过冬。

冬天来了。像往常一样，冬天的客人——雪和严寒也来了，但是严寒是麦子的敌人，而雪却是麦子的朋友。

绿叶受了严寒变成了黄色，萎缩了。严寒快要把麦子毁了，真幸运，下起雪来了。雪像棉被似的把田地覆盖好，麦子变暖和了。但是风又来给严寒帮忙。风使劲地刮，把田地上的白棉被掀开——把雪刮到山谷里去。

还好，麦子在冬天到来以前已经锻炼得很坚强，已经聚集了力量，但是就算锻炼坚强的麦子，跟严寒去斗争也真不容易。严寒越来越厉害，风越刮越有力。

假如不是集体农庄的庄员来帮忙的话，麦子就真要

人们在田地里放一些用枝条或者枯树枝做成的盾牌来挡风。

完了。集体农庄的庄员不能够跟风说："别刮了！"也不能够跟严寒说："快停住！"但是他能够做另外一件事，在田地里放一些用枝条或者枯树枝做成的盾牌，用一束束的稻草、向日葵茎做成的障碍物来挡风。风想在田野上走，把雪扫掉，但是现在不成了。它扑不过去——到处是篱笆，不让风再猖獗。

到了春天，雪融化了。融化的雪水到了泥土里面。集体农庄的庄员高兴地说："我把雪挡在田地上真不错！我把麦子从严寒里救出来，并且替它储积好过夏的水分。"但是夏天来了，跟它一起又来了一个新的敌人——炎热。

炙热的旱风从沙漠里刮来。麦子的水分开始感到不够了，而且它现在需要的水分比从前更多。你知道它已经成长了。麦茎在田地上直立起来，茎上出现了麦穗。在炎热的天气，麦子应该喝水，可是几乎什么都喝不到。如果这时候下起雨来——那才是什么都解决了。可是天上连点儿云丝都没有，一点儿没有下雨的迹象。

这样，麦子就会枯萎，会渴死。集体农庄的庄员又来帮它的忙了。他事先就估计那旱风的来路，在半路上栽植起高高的树木做成墙壁。旱风撞击着绿色的墙壁，喧嚣着，摇撼着树枝，勉强穿过茂密的树叶，可是已经失去了大部分力量，分散成一些微小的气流。

集体农庄的庄员懂得，不单要战胜风，还应当供给田地水分。那么怎样供给呢？跟乌云说："下场大雨吧！"——它们可并不听话。但是集体农庄的庄员仍然得到了水——不是从乌云，不是从天上，而是在地面上得到的。

他早就已经在田地旁边的小河里用土堰隔断起来。水沿着小河流流到了土堰，便开始涨高起来。这样就涨成了一个水池。现在集体农庄的庄员开一条沟把水从水池里引到麦田里。

麦子长高起来。每个麦穗上沉重的金黄色的麦粒都成熟

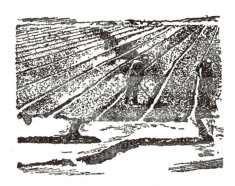

集体农庄的庄员把水引到田地里，为了使收成更好。

了，已经到了收割的时候。但是这时候天偏偏阴了下来，下起雨来，下得真不是时候。如果集体农庄的庄员得花很多时间来收获粮食，那他就得倒霉了。连绵的秋雨天天打着麦垛。麦粒像在田地里一样湿，就要发芽、腐烂了。集体农庄的庄员并不怠慢。他把联合收割机开到田地里来。

工作就快速地进行起来。联合收割机在田地上走动，就像船在金黄色的麦子海洋上航行。联合收割机手挥动着红旗，载重汽车便开进了联合收割机，粮食洪流般地落进了车里。

集体农庄的庄员就这样战胜了麦子的一切敌人：仓鼠、家鼠、象鼻虫、黑穗病、杂草、严寒、炎热、风、秋雨。麦子也就来答谢自己的主人和保卫它的人：每一颗播下的种子都长出几枝麦穗来，每一枝麦穗上都结了许许多多的麦粒。

现在，当你用牙咬下一块烤得很好的面包的时候，你应该用感激的心情来怀念那智慧的、勤劳的人，怀念我们田地里的英雄——集体农庄的庄员。但是你应该怀念的还不只他，麦子还有另外一个强大的盟友：苏维埃科学家。

科举家不停手地工作着，用各种方法来解决这样一个问题：怎样做才能够使土地供给更多的粮食。他们已经得到了不少的成绩。

譬如，他们发明出催麦子快些成熟的方法。草原上的麦子因此能够在旱风开始刮以前提早成熟。他们创造了在北方种植的坚强的小麦品种，并且学会了怎样去种它，它就会连西伯利亚的严寒也不怕。

但是最有趣的是多枝小麦，那是一种新的小麦，科学家已经在实验田里栽培着。它的穗是分枝的，这样每根麦茎上就长着许多麦穗。这些麦穗长在一起，紧紧地挨着，看样子，这是一个粗得像扁饼子似的大穗。上面的麦粒有普通麦穗的五倍那么多。

人们早就知道有多枝小麦，但是从前人们不会栽培，它只是逗引农民：要得到丰收是可以的，可就是做不到。

科学家摸透了调皮

普通小麦（右）在收成最好的时候每穗有30～40颗麦粒，共重1～2克，而苏联的小麦（左）每穗有150～200颗麦粒，共重5～10克。

的多枝小麦的性情，多枝小麦现在已经开始听他们的话了。不久以后，在集体农庄的田地里，就会见到这种小麦的沉重麦穗发出一片金黄色。这种小麦有人管它叫"壮士"，你看它生得多么魁伟啊！

谷物的道路

面包是用什么做的？

用面粉。

面粉是用什么做的呢？

用谷物。

谷物怎样变成面粉的呢？

谷物在没有被做成面粉以前要在磨粉机里走上许多公里。

现在列车进站了，车厢里面是旅客。旅客有多少，数也数不清。他们是从各个不同的地方来的，可是大家长得一模一样，正像亲兄弟一样：都是一些茁壮的小伙子，一个个像经过挑选似的。

列车停住了，车厢的门打开来，于是粮食旅客便从车厢里往外跑、往外撒。

怎样欢迎这些亲爱的客人们呢？人们把它们从车站引到旅馆里去。

有这样一种粮食旅馆。它叫作"谷物仓库"。从车站到那儿有一条地下通道，好像地下铁道一样。谷物乘着车沿着长长的地下走廊走。走廊的尽头是换车的地方。谷物给自动升降机带上去，运到旅馆的最高一层，运到塔顶上去。塔是这样高，离它二十公里的地方也看得见。

它从上往下看附近的房子，好像巨人看普通人一样。为什么把客人引到这样高的地方呢？是为了让它们以后会自己继续前进。谷物从高塔上落下来，分散到一个一个的房间里去。

旅馆里给谷物准备了许多房间，但是这些房间并不像人住的房间似的是四四方方的，而是圆柱形的。谷物从上面进去，从底下出来。这些圆房间是这样高，这样宽敞，每间房子都可以容纳好几列车的谷物。

谷物一直住到该轮到它们到面粉厂去的时候为止。面粉厂就在旁边，这样走过去方便。谷物在面粉厂那儿干什么呢？它在那儿磨粉。为了磨粉，那儿有磨粉机，但是磨粉还可以用别的方法。

古时候就这样在石臼里磨粉。

用两块石磨盘叠成的手磨。两千年前就用这样的磨来磨粉。

你看见过一种铜制的小臼和小杵吗？它是从最古老的手磨产生出来的，那时候除了这种手磨，别的什么也没有。

古时候人们在磨粉的时候，用石杵在大石臼里捣研。主妇在每天早晨捣研谷物。沿着整个村子都可以听到石头碰石头的声音。后来，为了使工作轻快，人们便叫马匹来帮忙。马没有手，它只能用脚来工作。

为了使马能够用石臼磨谷物，人们做了一些东西。在沉重的圆石块——磨盘——上装上一根长木头——磨杠。把马套在磨杠上，它便开始绕着大石磨打转。

马转着圆圈，把磨盘转动起来，于是磨盘便研磨臼里的谷物。

在这种马拉的磨臼里，一天可以磨出几袋谷物。人们不必自己来推磨。他们只要挥一下鞭子，吆喝一声"喂，快转!"就成了。但是人们觉得连这个也不顶事了。

马和人一起在绕着石磨转。

他们想给自己找一个力气更大、更好的助手。于是他们
发现了这样一个好工人，一个人顶十个人的活，却没有
一些要求。这是个什么工人呢？它叫什么名字呢？它叫
作"水"。

　　人们用手来工作，马用脚来工作。水既没有手，又
没有脚，人们教它也来
磨谷物。人们在河流上
横筑了一座木墙——堤
坝。水走近堤坝，便再
也流不过去了。

　　这时候水要怎么
办呢？

　　水不得不涨高起

利用水力转动的轮子，带动磨盘来磨粉。

来，漫过堤坝。你知道，如果篱笆上没有门，你也会从篱笆上面爬过去。水开始漫过堤坝。人们就正需要它这样。人们在沉重的水流下面装置了一只大木轮。水很快落到轮子上，把它转动起来。轮子又带动了磨盘。

人们快乐地听到水在磨坊那里喧哗着，看到它喷激着，溅着白色的泡沫。他们甚至做了一首歌：

河在咆哮，水在沸腾。

磨坊里一片敲打声夹着雷声。

轮子在水里喧嚣，

飞溅的水沫向上急跳。

从前，我们管会建筑水磨的技师叫"水人"，并且很尊敬他。但是能够在上面装置磨坊的、合适的河流并不那样容易找到。人们需要一个到处都会工作的助手，在每个村庄里都会工作的助手。到处都有的助手，在森林里、田野上、草地上都有的助手是什么呢？

到处都有的是空气。空气在地面上走，摇摆着田地里的黑麦和森林里的树木，吹动海上的船帆。

为什么不让它来磨粉呢？

人们想了又想，发明出风磨。当你远远望见一架风磨的时候，好像它是活的一样。它站在那儿，鼓动着翅膀，好像要飞似的，但是它并没有飞的必要。它有另外的事情要做——磨谷。

从前乌克兰的风磨

风磨自己是不会鼓动翅膀的，是靠风来转动它的。翅膀转动起来，带动了磨盘，但是风是一个调皮的工人。水在河里总朝着一个方向流。风却一会儿吹向这边，一会儿吹向那边。人们不得不依着风的方向来转动风磨，然后用绳索把它拴在柱子上，这样才不会让风白吹。在磨坊的周围，地下就埋着这样的一些柱子。

有时候，风完全拒绝了工作。磨越转越慢，越来越懒得鼓动翅膀，后来索性就睡着了。现在你只得等它睡醒。你说这可多糟。

水并不到处工作，只在有河的地方工作。而风并不老是工作，只在它想工作的时候工作。

到了我们的时代，人们给自己找到一个更好的工人——电流。它随叫随到——只要拧一下电门就成了。它老是工作着，到处工作着，不管什么地方，不管什么时间。

电流在我们工厂的各部分工作着：打铁，制造机器，纺织，印书。它也磨谷物：我们最大最好的磨粉机不是水力的，也不是风力的，而是电力的。大面粉厂是有好几百架机器的现代的工厂。从发电站来的电流把所有的机器都发动起来。

谷物从谷物旅馆、从谷物仓库沿着栈桥走到面粉厂的第五层楼。在进口的地方要做一次检查：不让那不速之客——小钉子或者别的铁片混进去。

你看见过磁石怎样吸铁吗？只要把磁石拿到钉子那儿，所有的钉子便跳起来，贴到磁石那儿去——有的用头贴，有的用脚贴。

面粉厂里也有磁石，不过比你家里的要大。它站在谷物进去的路上，把它们里面的铁片吸过去。然后谷物继续从第五层楼跑到第四层，从第四层楼跑到第三层，从第三层楼跑到第二层……每一层楼都有一个警卫机器盘问着："哪一个？"它们让谷物通过，而不让小石子、沙和各种垃圾通过。

你已经知道了，当谷物在田地里生长起来的时候，有一些杂草跟它们混杂着生长在一起：有野燕麦，有毒麦，有野荞麦，有野蚕豆。

集体农庄的庄员跟杂草进行斗争，为的是不让它们妨碍谷物的成长，但是谷物里有时候还会落进去杂草的种子。它们拼命想钻进面粉厂里去。假如有时候没把它们拣出来，它们便会把面粉弄苦，弄得有毒。因此在面粉厂里还不得不跟杂草继续作战。所以在那儿设置了警卫机器，它用筛子筛粮食，使大劲扇它，好把那杂草种子扇走。

现在，干净的、经过检查的谷物到了第一层。这时候自动超重机把它重新往上提。谷物开始重新沿着一层楼一层楼升降，从一架机器到一架机器地旅行。它一路上把衣服脱去：先脱外衣——谷皮，然后洗澡，洗淋浴，这样就变得湿润了。最后，谷物到了这样一架机器，把它夹在两根铸铁轴的中间研磨。

从前，我们只有水磨和风磨。磨粉工人在里面工作，让面粉弄得浑身白色，头上是白的，胡子是白的，眉毛是白的，睫毛也是白的——全是面粉。

在我们现代化的电力面粉厂里，磨粉工人的身上不会撒上面粉了。那儿有特别的机器把空中飘扬的面粉吸走，不让它四处飘散，不让它钻到人的嘴和鼻子里去。在这样的磨粉机里，不是用石磨盘，而是用铸铁的轴来研磨。

在别的工厂里是机器，在面粉厂里也是机器。现代化的面粉厂与其说它像它的老祖母——古代的生着青苔的水力磨坊和风力磨坊，不如说它更像工厂。

在现代化的面粉厂里，已经按照跟磨坊完全不同的新方式在工作着。谷物要在机器里经过好多次。机器把谷物研碎、过筛、用刷子擦，一直到最后变成面粉，把面粉和麸皮分开，把面粉按粗细分成等级为止。

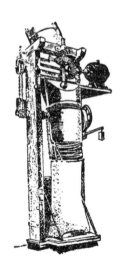

现在面粉已经到了倒数第二架机器，机器上面有一个好像象鼻子一样的长管子。象鼻子上套着一个口袋，工人扳动手柄，又白又细的面粉便从象鼻子里撒出来，一转眼工夫便装满了一口袋。

如果让口袋继续敞开着，你瞧，它会把面粉撒在地上，应该把它缝上。这件事情需要缝纫机来做，这种缝纫

面粉装袋的机器

238

机跟你家里的缝纫机差不多，不过大得多。一下，两下，口袋缝好了，继续向前走：从面粉厂到仓库，再从仓库到面包工厂。

谷物从集体农庄的田地上到面包工厂的热炉子里，一路上经过的事情就这么多。

谷物，到过地底下很深的地方，也到过离地面很高的地方。恰好像古语说的，它"经过火，经过水，也经过铜管子"。

一架大型的电力磨粉机磨出来的粮食，一千架风磨或者水磨也磨不出来。而在一架电力磨粉机上工作的，不是一千个磨粉工人，而只是五十来个人。他们的衣服是清洁的，脸上也没有抹着面粉。他们的工作并不繁重。在面粉厂里，全是机器在工作，人们只要管理机器就成了。

怎样烤面包

大家都吃面包，但是并不是所有的人都知道面包是怎样烤成的。烤面包多麻烦啊！不是火候不够，便是烤过火了。有时候，面团不肯长高起来。可有时候还没到时候，自己便开始从面缸里往外爬。

面包的性格是调皮的：不是今天没烤熟，便是明天烤焦了。

从前，每个家庭的主妇都是自己给全家烤面包。就是现在，有的地方还在家里的旧式炉灶里烤面包。主妇首先把面粉倒进面缸里，加上酵母，再把水倒进去，加上盐来揉捏。揉成面团以后，便把面缸盖上，放在温暖的地方。

显微镜底下的酵母

不大会儿，面团便长高起来。

为什么它长起来了呢？你知道它又不是活的。

它不是活的，然而它里面的酵母是活的。

一小块酵母是一群细小得像小球一样的微菌。每个小球都是这样渺小，就是用一块放大玻璃也瞧不出来。要瞧见它不是需要一块玻璃，而是需要好几块玻璃，需要一架显微镜。但是，当许多微菌聚集在一起的时候，它们就很容易被瞧见了。

这些微菌按照自己的方式来呼吸，并不完全像人和野兽一样。它们到了面团里，便用力呼吸起来。由于它们的呼吸，面团便开始膨胀、起泡。这些微菌需要好好照料，使它温暖。因此要用手巾把面缸盖上，并要把它放在温暖的地方。

现在面团长高起来了，主妇从面缸里把它拿出来，做成面包，搁到铲子上，然后放进炉子里去。

第二天早晨，孩子们醒来，用拳头揉揉眼睛，一个面包已经摆在桌子上了——香味一个劲往鼻子里冲。

主妇用铲子把面团放进炉子里，让它在炙热的炉板上烤成面包。

这是多好的面包啊！面包心很松软，有气泡，很多孔——这是因为里边有酵母工作过的缘故，酵母用气泡给它穿了孔。面包皮又红又甜，好像糖糕一样。这也的确是糖，是焦糖。面包的外部烤得比较热，糖烤焦了，变成了焦糖。

然而糖是从哪儿来的呢？你知道主妇并没有把糖放到面团里去啊。面团里的糖是从淀粉得来的。淀粉就含

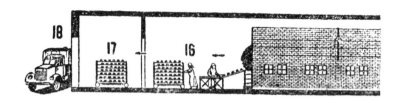

面包工厂里的工作情形：1. 面粉来到了；2. 让面粉休息一下；3. 把面粉储到坑里去；4. 面粉升降机，把面粉送到面包工厂最高的一层楼；5. 面粉升降机的槽斗；6. 筛粉机；7. 储粉柜；8. 自动秤；9. 揉面缸；10. 让和好的面团长胖的休息室；11. 倒面团机；12. 切块机，把面团切成块；13. 面团滚碾机；14. 滚碾过的面团放到模子里，用手车运出去；15. 烘焙炉；16. 把热面包放到手车上；17. 让面包在仓库里变冷；18. 把面包运到商店里去。

在面粉里。

从前人们就这样烤面包。那么，现在人们怎样烤面包呢？现在，你面前的桌子上摆着一个面包。它是从什么地方到你这儿来的呢？

从商店里。然而是谁把它运到商店里去的呢？

是汽车司机用汽车把它运去的。有许多这样的汽车在城市里行驶。每辆汽车上都写着两个大字："面包"。

汽车里面好像有架板的柜橱一样，架板上是盛着面包的木托盘。但是，汽车是从哪儿把面包运来的呢？

从面包工厂。

城市是一个巨人。如果把它每天吃掉的面包放在一起，就会有房屋一样大小的一块面包。为了调制这样的

242

面包，需要像房屋一样大的面缸。为了把这样的面包放到铲子上，再搁到炉子里去，那么需要什么样的铲子和手啊！

人们并没有这样大、这样有力的手。可是他们肩膀上有一个会思索的脑袋。这个脑袋给城市巨人发明了很

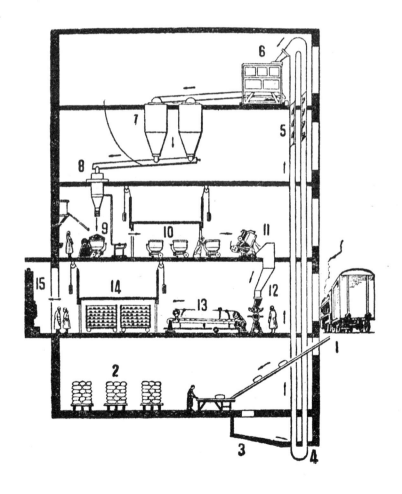

大的面包房。

在大面包房里，一切工作都是自动的，好像神话里的一般。现在人们把面粉运到面包工厂来——不是一袋，不是两袋，而是整整一列车。

面粉袋自己从车厢卸下来，沿着斜坡走到地下室，好像冬天你从雪山坡上滑下来一样。那儿已经在欢迎新客人了，并且请客人去休息一下。它们路上辛苦了，先让它们暖和一下。但是有时候跟着面粉一块儿钻进来的也有一些不速之客：断绳、木片、钉子、纽扣。这些客人是不许再进到里面去的。

你知道，假如它们悄悄地跑进面包里去，什么好处也没有。木片会卡住喉咙，纽扣会咬痛牙齿。但是怎样去摆脱它们呢？可以不必去搜查每只口袋。何必要搜查呢？谁该进到工厂里来，谁不该进来，这是很容易检查的。当面粉要躺下来休息的时候，人们便把它通过大漏斗放到坑里去，沿路就帮助它进行检查。

起初人们让它从磁石旁边经过。对铁来说，磁石就像诱饵一样。磁石不放过一块铁片从身边过去——立刻就把它吸到自己这儿来。然而磁石不能够吸面粉。面粉经过它旁边继续往前走。那么，木片、绳子、各种别的小东西——那些不是用铁做的东西呢？怎样把它们检出来啊？

你知道，它们也是不能够给吸到磁石那儿去的。为了阻止它们，不得不让面粉通过筛子来筛一下。面粉的颗粒是很小的，它可以穿过最小的筛孔。可是对木片和绳子来说，筛子就像墙壁一般。

现在面粉已经进到坑里，到了地底下很深的地方。它们在那儿一直等到有一天来找它们为止。等谁来找呢？等人来找吗？不，不是等人来找。

槽斗一个接一个地从上面降到坑里。它们在那儿不是用人的手，而是用一种奇异的升降机来运送。人们叫机器来替自己工作。

槽斗自己把面粉装满了，就从坑里运出去。槽斗一个接一个地往上面升，好像地下铁道里乘自动楼梯的旅客一样。面粉到了上边，好像一条白色的小河在飞奔，就像河水奔到池塘里一样，面粉到了一个大柜里，到了储粉柜里。但是它在那儿停留得并不长久。它从上面到了储粉柜，再通过柜底上的孔往下落。

面粉往哪儿去呢？去做一次长途旅行。为了变成面包，它得在路上经过许多变化。它变成面团，长胖起来，好像住在疗养院里一样。面包工厂虽说是工厂，实际上更像疗养院。女工人穿着白衣服，戴着白头巾，好像护士似的。

如果是外人来了，也叫他穿上白衣服。这也容易懂，你知道面包本来不是砖瓦。面包应该是干净的，否则谁也不要吃。这些女工人正在干什么呢？

第一件事情就是称量面粉。

秤是特制的，该用多少面粉，它自己会精确地称出来，不多也不少。

秤虽然不会说话，但是它懂得两句话：一句是："我们正在称。"还有一句是："称好了。"

当面粉倒进去的时候，秤上面便亮起了一盏小灯，这就是说："我们正在称。"要是这时候小灯熄灭了，这就是说："称好了。"秤称好了一份面粉——恰恰是一个揉面缸需要的分量。而这个面缸也是特制的——跟主妇在厨房里用的面缸不一样。放到这个揉面缸里去的面粉，就是最魁梧的大力士也背不动。这样的揉面缸，一点儿也挪动不了，但是人们是灵巧的，他们把它放在轮子上。如果主妇们看到了这情形，一定会惊奇得不得了。连锅子和煎锅也可以这样装在轮子上。水桶也会自己跑去汲水。

面缸装了轮子往什么地方去呢？

它起初是去拿酵母，然后到秤那儿去拿面粉，再去加水，加食盐。要

混合了成百公斤面粉的有轮子的揉面缸走向揉面机。

制面包，该把它们全部储备好。之后，面缸走到一只手那儿，手就在面缸里不断地搅拌。这只手并不是人的手，而是钢手。人从来没有这样又大又有力的手。

面缸走近了钢手，开始就地转动起来。钢手一上一下地移动，揉捏着面团，好像一个真的面包师傅一样。一架这样的机器要帮助多少人摆脱繁重的工作啊！

机器调好了面团。人们又给面缸发布了一道新命令：去休息吧！于是面缸便乖乖地走到宽敞温暖的休息室去。

那儿已经有许多像它一样的面缸聚集在一起。它们站在那儿，好像睡着了。但这只是说"好像"睡着。实际上，这时候它们正在进行着主要的工作。

因为酵母的作用，面团在面缸里长大起来，发出气

泡，气泡就这样冲破出来。面团长高了，长胖了，到了指定的钟点又重新开始动步。那儿一切工作都是遵守时间的。

面团往哪儿去呢？它要走到这样一只刀子那儿，刀子会自动把它切成小块。但是应该先请面团离开面缸。面团可实在舍不得离开面缸，只得把面缸底儿朝上翻转过来，好把那面团倒出去。面团在这儿已经没有什么事情了，它不甘愿似的从面缸里出来，进了一只大漏斗，从漏斗里像一条粗粗的白蛇似的继续爬行。

这时候，有了刀子的事情了：把"蛇"切成小块。但是这一块一块的面团还不是面包。谁也不吃那生的小面团，应当把它放到模子里去烘烤。敏捷的女工人把小面团灵巧地放到模子里。只听见啪啪的声音，于是模子自己走到炉子那儿。又长又宽的输送带把它们像小娃娃一样放在摇篮里。它们缓缓地通过一条非常温暖的走廊。

面团沿路继续发胖，可是它并不能够随意地长起来，只能够按着模子规定它的限度长，所以才得出一模一样的生面包块。

走完了走廊，生面包块最后到了有两层楼高的很大

面包工厂里的长烘焙炉。盛着面团的模子从一头
进去，烘好的面包从另外一头出来。

的炉子里。炉子里好热啊！面团在那儿给烤透了，烤干
了，上面披了一层酥脆、红润的面包皮。

　　面包通过了炉子，而在另外一边，人们早在那儿等
着它了。它自己从模子里倒出来，如果它还逗留着不出
来，人们便来帮它走出来。人们首先要看的是面包烤得
好不好，是不是一切都正常。如果面包烤得好，没有破
碎，人们便立刻把它放到有架板的好像书架一样的手车
上。不过架板上面不
是书，而是木托盘。

面包放在托盘上，让
它变冷。否则是不行
的。如果在它还热气
腾腾的时候就送到商

有架板的手车把热气腾腾的面包运到仓
库里去。

店去，你瞧，在半路上一定会碰碎。

但是有时候，面包烤得不太好，人们便把它扔到一边，扔到篮子里去。谁需要坏面包啊？人们便把它送回去——送回去重做，再做出好面包来。

这时候，汽车一辆接着一辆地来到工厂。汽车上写着："面包"。

人们把车后面的车门打开，把盛面包的托盘一个个推进汽车里面的架板上。

现在，面包只有一条路——到商店里去。它到了那儿的秤上，从秤上到了背包里，从背包里到了桌子上，从桌子上一直到你的嘴里。

五 大自然的文字

大自然的文字

你老早就认识了字，并且毫不费力地读出街上的随便哪一块招牌。你不会跑到理发馆里去买药，也不会跑到药房里去理发。如果人们不来送你，只捎给你住址：街名和门牌号码，你会很容易地找到道路。

文字真是好东西。认识了文字，就可以读完最厚的书，可以了解世界上的一切事情。文字——一切有学问的人都是从它出发走向奇异的科学世界的。

但是也有另外一套文字，这是每个想成为真正有学识的人应该知道的。

这就是自然界的文字。它总共有成千上万个。天上的每颗星就是一个个的字。你脚下的每粒小石子也是一个个的字。

所有的星星对于不认识这一套文字的人说来，全是一样的东西。而认识的人认得每颗星的名字，并且可以说出它跟别的星星有什么分别。就像书里的话是用字组成的一样，天上的星星也组成星座。

自古以来，当水手们需要在海上寻找道路的时候，他们便去翻看讲星星的书。你知道在水面上船只是不会留痕迹的。那里也没有写着"由此往北"的有箭头的指路牌。水手们并不需要这样的指路牌。他们有上面有磁针的罗盘，磁针永远指着北边。即使他们没有罗盘，也照样迷不了路。他们朝天望望，在许多星座当中找到了小熊星座，在小熊星座当中找到了北极星。有北极星的那边就是北方。

云，这也是天空的大书上的文字。它不但讲现在的事情，而且讲将来的事情。

在天气最好的日子，根据云可以预测出雷雨或者淫雨。在那边蔚蓝的天空上，伸展着一片白色的丝缕——好像有人把一绺白发投向天空。认得大自然文字的人，立刻可以说出：这是卷云。有卷云就不会有好天气。从而可以预测出，十成有九成是阴雨天。

炎热天，云山向左右伸出两个尖头，变得像铁砧的样子——这是雷雨的预兆。

也有时候在炎热的夏季时节，远远耸立着一座白色的云山。从这座云山向左右伸出两个尖头，山变得像铁匠铺里的铁砧了。飞行员知道，云的铁砧是雷雨的预兆，应该跟它离得远才好。如果在它里面飞行，它会把飞机毁掉——在那儿的风就是刮得这么有力。

天空的使者——鸟，也会教给那些注视它们的人许多事情。

假如燕子在空中飞得很高，看上去很小很小，那么就会有好天气。白嘴鸦飞来说，春天已经来到大门口了。而飞走的鹤不用日历就可以告诉人，暖和的日子已经过去了。

太阳还暖洋洋的，是个平静、晴朗的日子。这时候从远方传来奇怪的不安的声音：好像有人在高空互相呼应着。声音越来越高，越来越近。凝视天空可以勉强分辨出一只模糊的蜘蛛网，就像给风吹着似的。蜘蛛网飞近了，掉过头来，已经瞧出，这不是什么蜘蛛网，而是许多长脖子的鸟。它们像一个人字形那样飞着，排成整齐的队形朝着阳光照耀着的森林飞行。又分辨不出鸟来了，看来只像个蜘蛛网。一转眼工夫，连蜘蛛网也无影无踪了：它好像融化在天空里一样。只有那声音还从远方传来，好像在说："再见！再见！明年春天见！"

阅读天空的大书，可以了解许多新奇的东西。连我们脚底下的土地，会读它的人看来也是一本很有趣的书。

现在，在建筑工地上，挖土工人的铁锹碰到了灰色的石头。在你看来这不过是普通的石头。可是懂得大自然文字的人看来，它可并不是普通的石头，而是石灰石。它是从碎贝壳造成的，你知道贝壳是海洋里的居民。可见，在很古的时代，这个现在是城市的地方曾经是一片汪洋大海。

有时候，你在森林里走，忽然看到：树林当中摆着一块很大的花岗石块，上面披着青苔，就像披着毛皮一般。它是怎样到这儿来的呢？谁有这样大的力气把这么大块的石头搬到森林里来呢？而且，它又是怎样穿过茂密的树林的呢？

谁如果认识大自然的文字，就会立刻说出，这叫漂砾，它不是人搬来的，而是冰搬来的。这些冰块从寒冷的北方爬过来，沿路把岩石砸碎，并且把砸下来的碎石块带着一起走。这是好久以前的事了，当时这儿还根本没有森林。漂砾周围的森林是后来才长的。

要学会大自然的文字，应当从幼小时候就常常到森林里或者田野上去走走，去注意观察一切东西。假如有什么不明白的地方，应当到书里去翻寻，看那里边有没有解释。

每一次还应该去请教有学识的人：这是什么石头？这是什么树？这只鸟叫什么名字？雪地上面是什么东西的痕迹？老是坐在家里的人，永远不会了解大自然的文字。

从前我们认识一个男孩子。他非常爱读童话，讲到从来没见过的怪物，讲到女水妖，讲到巫师。按说，读童话——这不是件不好的事情。不过不好的是，他不会，也不爱读那一切书籍里最有趣味的书——大自然的书。再说，他怎么去读呢，他连字也不认识：树木跟树木分不清，鸟跟鸟也分不清。

有一次，人们叫他到森林里去采浆果。

他看到：矮树丛上生长着汁液很多的红浆果。浆果是这样丰富，他高兴极了。他想："我虽然不常到森林里来，可是采摘的比大家都多。"他摘了满满一篮浆果带回家去。他在路上馋得忍不住了，想大吃一顿。他吃了几颗浆果以后，觉得有点儿恶心，后来肚子竟然疼痛起来。还好，他当时呕吐出来了，要不就会中毒的。

他再也不要吃这样的浆果了。大自然已经教训他去辨别好浆果和有毒的浆果。大自然是很严厉的教师，它对那不认识它的文字的人，处罚得很重。

如果这个男孩子时常随着大人们或者年纪大一些的孩子们到森林里去，他们就会对他解释，他在森林里找到的那种浆果虽然美丽，但是是有毒的。

毒蕈也是美丽的。它的帽子是鲜红色的，上面有许多白点儿。你如果把它带回家去，大伙儿非取笑你不可。

刚才说的那个孩子还发生过另外一件事情。有一回，孩子们到菜园子里去除草，约他一起去。

他拒绝了，说："等一等，让我把童话读完了再说。"

"好吧，"孩子们说，"我们给你留一垄地。"

这个男孩子把这本书从头到尾读完以后，便到菜园里去。然而杂草和胡萝卜是不容易分别的。他开始来除草，不过除的统统是胡萝卜，反倒把杂草给留下了。当大家看到他的工作成绩的时候，他可倒霉了。妈妈责备他，孩子们也来取笑他。

这个孩子的视力是很好的，但是他不会注意观察。

有一次他在森林里走，什么也看不见。他经过兽洞旁边，一点儿也没理会。他的赤脚触到了刺猬的尖刺，他才看到它。他辨别不出雪地上的兔子足迹和狗的足迹。

春天，有一次他到森林里去，迷了路。

如果是别人在他站着的地方，就会考虑：房子坐落在南方，太阳光照射着那儿。不错，太阳藏在云里，但是这有什么要紧呢？没有太阳也可以知道，哪边是南，哪边是北。树木上的青苔生长在北边。雪的融化总是在树木的南侧开始，太阳照射不到的北面融化得迟。

所有这些文字都是为那些会读大

请你说说看，雪地上哪一个是狗的足迹，哪一个是兔子的足迹。

257

自然的书的人准备的。但是糟糕的是，这个男孩子并不认得这些字。于是他一直在森林里彷徨到深夜，才找到一个不认识的村庄。他不得不在那儿过夜。可是这时候他家里着急得不得了，母亲急得直哭，以为他给狼吃掉了……

还有这么一回：他要给斧头做一根柄。应该顺着木纹来砍，不应该横着来砍。可是他不懂这个，竟做了一根横纹的斧头柄。等他一用斧头来劈木柴的时候，一下子便把斧柄给折断成两截。他一个立足不稳，冲倒在地上，脸颊正好碰在尖锐的断柄上，血流了一脸。

他这个人真是没办法！

你当然不会像他那样子。你现在已经很仔细地去观察看到的一切东西。等你将来做一个建筑工人，或者飞行员，或者海员，或者田地上的工程师——农业技师——的时候，你看大自然的书一定会像那印在纸上的书一样清楚明白。

隐 身 人

你以为只是在童话里才有隐身人吗？那么你看看天

空。云儿在那儿飘。谁带动它们的呢？是隐身人。当它经过田野的时候，黑麦便弯下腰来向它鞠躬。当它经过森林的时候，树木便向它点头。

今天在我们院子里，它把挂在绳子上的衣服带走，把孩子头上的帽子摘掉。在房间里，它把桌子上的报纸扔到地板上。它也不道声劳驾，也不敲门。它不从门口进来，却从窗口进来。秋天，它叫干树叶打圈子旋转。夏天，它扬起路上的尘土，扔到人的眼睛里去。

当它在草原上，在森林里，在辽阔的海洋上旅行的时候，它有多少冒险的经历啊！就是它把寒冷从北方带给我们，把炎热从南方带给我们，把雨水从海里带给我们，把尘土从沙漠里带给我们。就是它吹起船帆，吹动风磨磨粮食。

现在你一定猜着它是谁了。

它是风，是地面上流动的空气。

你是看不见它的，但是，当"五一"节或者十月革命节，它在街上飘动着旗子的时候，我们会看得很清楚。

现在这个故事就来谈谈它的冒险经历。

在那遥远的北方，在冰封的王国里，曾经有一个隐身人——北方的气流。它经常在冰封的田野上漫步，像用扫帚一样地把雪扫起来。有时候，在这扫除的当儿，它把雪扬起来，然后赶着这些雪花，在冰封的田野上前进。在雪的王国里，它不玩雪还玩什么呢？

北方好冷啊！天空的太阳升得低低地，照的时间也不长。隐身人在白天怎么也晒不暖和。夜间比白天更糟。很少有给它盖上云做的毛茸茸的被子的时候。夜间常常没有云，满天是星星。到了早晨，隐身人通身冷透了。可是这正好使它离开冰封的王国，动身去长途旅行——到南方去。

它走的是海路。

海洋里的水比北方的冰要温暖。隐身人在温暖的水面上跑，也变得暖和起来。它在这儿也一路玩着。它把水扬成波浪。它跑得越快，浪头就扬得越高。

隐身人把浪头的顶峰打碎，玩着轮船烟囱里冒出来的烟。

波浪一排排地走着。隐身人把波浪的顶峰打碎，把它们打成白沫。有时候隐身人碰到轮船，便玩它烟囱里冒出来的烟。

帆船上的水手们喜欢他们的助手。他们老早就等候着它了，但是隐身人工作得这样热心，水手们简直怕它把桅杆给折断了。他们不得不爬上桅杆把帆拿掉，免得它再抓着帆不肯放手。但是这个过分热心的助手给自己找到了另外一件工作。它叫波浪来冲洗甲板，尽管水手们早已把它洗干净了。有一次它差一点儿没把一个伏在甲板上的旅客从船上给洗下来。幸亏旅客当时抓着了栏杆。

隐身人越走越远，使大劲来摇荡大船和渔船。它从冰封的王国出来，完全冻透了。可是在海洋上，它温暖起来，并且带足了水。水从海洋上升，变成看不见的蒸气。蒸气凝聚成细小的雾点儿。隐身人就带着它一起跑。雾低低地弥漫在水面上，遮住了太阳。

隐身人在海洋上空的一个地方碰到了飞机。隐身人看到有什么可以玩的就高兴，便把它抛掷起来。白色的雾团围住飞机。飞行员不高兴这样的招待。他决定离开雾——往上飞向太阳。

现在太阳光已经透进了飞机座舱的玻璃。白得像酸奶皮一样的雾远远地给留在下面。

隐身人走得很快，但是它的旅途真不近。它好容易走到了岸边。它用浓雾充满了沿海城市的街道。

在列宁格勒，电灯光很难穿过那弥漫的小水点儿。汽车司机不得不一个劲地鸣喇叭：如果有人看不见汽车，也让他听得见。

隐身人继续前进——在田野和森林。

人们看不见它，但是人们看得见它从海上带来的货物。小水点儿聚集成大水点儿，浓密的乌云笼罩在地面上。忽然闪起闪电，响起雷声来。在河里游泳的孩子们，听到那看不见的过路人的吼声，便赶快穿好衣服，好在下大雨以前跑回家去。

于是，隐身人便把从海洋里带来的水落到我们的森林和田野里，并且继续向前——到南方去。但是在南方有另外一个主人，也是隐身人——南方的气流。两个

小水点儿聚集成大水点儿，浓密的乌云笼罩在地面上。

隐身人，先前时常争吵，谁也不肯给谁让路。

这一次还是那样。两个巨人斗争起来。

当两个隐身巨人相持不下的时候，最好不要落到它们的手里。它们转着旋风，能够把森林里的树木连根拔起，把海里的船只倾覆，把空中的飞机毁掉。但是人们并不大意，也尽量争取时间。他们预先就知道，什么时候会有暴风雨，便去做好准备。

隐身人走得很快，但是那沿着电线，沿着无线电的电报跑得更快。这些电报说："水手们，当心！风暴来了！""渔民们，不要出发到海上去！风暴来了！""飞行员们，小心些！风暴来了！""集体农庄的庄员们，把干草收集起来吧！风暴来了！"

这是谁在跟踪着隐身人呢？谁预先知道它们要往哪儿去，它们要在什么地方开始战斗呢？

是气象学家们知道这个。

气象学家这个名字你大概很生疏，但是你应该把它记住。气象学家是我们大家的朋友。

在高山和平原，在海岛和沙漠，在北方气流的冰封王国和它的敌人——南方气流——的领域里，我们到处都布着岗哨，到处都有气象学家的工作站，他们在那儿白天黑夜地侦察天气，侦察着隐身人的生活。

气象学家有许多助手。

一个助手是风向标。它高踞在柱子顶上。风往哪儿刮，它就往哪儿转。只消看看风向标，便会立刻知道风是从哪儿刮来的。

另外一个助手是温度计。它说出天气是冷还是热。

雨量计测量雨下了多少。

第三个助手是湿度计，它指出天气干燥还是潮湿。

第四个助手是雨量计，它测量雨下了多少。

第五个助手是气压计。这也是个聪明的仪器。如果它的针转到很右很右去，就会有一个晴朗的天气。如果它的针转到很左很左，应该防备下雨，防备风暴。

气象学家在各个工作站里用仪器进行侦察，并且把他们看到的东西用电报通知莫斯科。

莫斯科有一幢红砖的大楼房，上面有一个高塔。塔尖上是风向标

在百叶箱里有测量温度、湿度的仪器。

和测量风速的仪器。

大楼房里是中央天气预报研究所。为了预报天气，中央天气预报研究所里的气象学家抄收从各测候站拍来的电报记在卡片上，哪儿正在下雨，哪儿天气晴朗无云，哪儿热，哪儿冷——一句话，把仪器测量到的一切都记下来。

拿今天的卡片跟昨天的卡片比较，气象学家就会看到，天气怎样在地面上走动，怎样在半路上变化。这时候他要预报天气已经不难了，他告诉人们明天是什么天气。这是很重要的事情，特别是在苏联，一切工作都很协调，都是按照计划进行的。

天气预报用电话、电报、无线电传播出去。现在你打开无线电收音机，听到："莫斯科时间19点15分。现在广播天气预报。狄克孙岛上日间零下20摄氏度，亚库梯零下17摄氏度，莫斯科零上10摄氏度……明天莫斯科将是阴天，有大风……"

现在让我们再回来说一下隐身人的历史。

当两个巨人——北方气流和南方气流——斗争的时候，人们已经预测出来了。

集体农庄的庄员赶紧把干草收拾起来，免得淋湿。

飞行员把飞机开到飞机库里。渔民延期到好天气的日子再出发到海上去。

隐身人之间的斗争已经在拼命进行了。南方的气流开始爬到它的敌人肩膀上面去。高空出现了轻盈得像羽毛一般的卷云。后来，白色的云幕伸展在整个天空。云越来越昏暗。

这时候远远地出现了一堵灰色的雨墙，它越走越近。它遮住了森林，跑过了田野。笃！笃！笃！先头来的雨点儿敲打着窗子。"放我们到屋子里去吧！"别的雨点儿也在它们后面咚咚地敲打着——敲打着屋顶，敲打着树叶，敲打着花园里的座椅。

雨一整天下个不停。但是现在它开始休息了，透过乌云露出了蔚蓝色的天空。天也热起来了。

这是南方气流打了胜仗。它冲进敌人占领的区域很远一段路。然而它的胜利能够持久吗？

北方的气流并不想投降。它从后方包抄过来。它挟着又重又冷的空气大军向它的敌人猛扑过去，把它的敌人抛上高空。空中立刻长起了一座云山！地面上风暴在飞奔，把树枝折断并且带走，把尘土刮得满天飞扬，把树叶吹得团团乱转。

在战斗中的两个巨人激起了猛烈的旋风。幸亏人们预先知道这件事情，而且早已有了准备！

这场斗争的结果究竟是谁胜谁败呢？

胜利的是北方气流。它沿着地面越跑越远。路上它碰到了乌拉尔山，但是山脉挡不住它。它从南边迂回过去，沿着里海，跑到沙漠里。

它一路上是怎样地千变万化啊！它本来是潮湿的海上气流，可是到了沙漠里，变成了干燥、炎热、多尘的气流。现在它跟战败了的敌人——南方的气流还有些什么分别啊！

隐身人就是这样游荡着，夹带着雨水和风暴，夹带着雪和寒气。然而气象学家们，像岗哨似的密切注意着隐身人，及时地警告集体农庄的庄员们什么时候要冻霜了，警告飞行员什么时候有大雾，警告铁路工作人员什么时候有阻滞列车的大雪。

雪 花

从前有一些雪花。它们生长在离地面很高的雪云里。它们不是一天一天地成长而是一小时一小时地成长。它一点儿一点儿地变得更漂亮。

　　它们大家都生得一模一样，好像姊妹似的，但是装束个个不同。有一个像有六束光芒的小星星。另外一个像一朵有六片花瓣的鲜花。第三个亮晶晶的，好像一颗六棱的宝石。

　　花长成了，并成一簇簇白色的雪片飞往地面上。它们多得数也数不清。

　　离地面已经很近了，但是风不让雪花平平安安地落下去。它让雪花在半空中打圈子，把雪花抛起来，叫它随着自己的野蛮音乐跳舞。但是雪花终于一个接着一个地到了地面。它们好像只想怎样小心地落到地上，把自己纤巧的装束保持得完整。

　　有一些雪花落到坚实的田野上，有一些落到森林

这就是雪花。　　　　这也是雪花。　　　　这还是雪花。

268

里——在树枝上、在树底下——寻找过夜的地方。有一些把自己安顿在屋顶上。然而也有这样一些，它们不小心落在十字路口或者城市的街心。这一些可就比别的倒霉了。到了早晨，行人在路上走动，自行车和汽车的轮子在路上滚动。雪的花朵和雪的星星在脚底下、在轮子底下融化了，跟粪、干草、污泥混杂在一起。

在城市里，人们正在进行清除雪花的战争：人们用铁铲把它铲起来，用扫帚扫，用汽车装走。到了中午，街上重新现出黑色的柏油路面，好像根本不是冬天似的。不这么做也不行。你知道雪是妨碍电车和无轨电车行驶的、减缓汽车速度的。可是在集体农庄里，人们喜欢雪：秋天的泥泞时节结束了，可以把轮子换成滑木，沿着平滑的雪橇路径来飞跑了。

孩子们用雪做雪球，用纤巧的雪的花朵和雪的星星塑造雪人的笨拙的脑袋和身躯。天上并不是经常有这样的礼物赠送的，应该赶快来塑造——你知道这礼物是会融化掉的。

傍晚，严寒走来给雪花帮忙。它把孩子们赶进屋子里，赶到温暖的炉火那儿。第二天早晨，周围一片雪白。

毡靴在走动着，滑橇沿着街道滑行着。

人们愉快地听那雪花在脚底下发出咔嚓咔嚓的声音，听那滑木在雪地上发出吱溜吱溜的声音。谁也没想到，随着咔嚓咔嚓的声音，随着吱溜吱溜的声音，雪的花朵的花瓣和雪的星星的光芒都被折断了。

那些不在街道上而是躺在田野里睡觉的雪花平安得多。在那儿，谁也不去打扰它们。集体农庄的庄员们说："雪下得真好。它保护好冬麦地里的绿油油的幼芽不受严寒的侵害。"

如果风不来侵袭的话，雪花在一个地方可以这样躺上一冬，好像睡美人似的。可是风来了，它在田野上走，把雪花扬起来，摇醒了它们。这时候雪花的梦还没做完呢。雪花不得不离开原来的地方，跟风一块儿去赶路。如果不是沟壑迎着它们，它们还会一直在田野上飞跑。它们藏在沟壑里避风。还有哪儿比这儿更平安啊！但是沟壑里也有不好的地方。在田野里很宽敞，沟壑里可就狭窄多了。每一分钟，都有一群群的避风的姑娘来到这儿。它们你推我挤的，把花瓣和光芒都折断了。

谁也没法在那坚硬结实的雪堆里再把一个个的雪星星分开。

可是这时候集体农庄的庄员们又来干涉了。风把雪从田地上带走是对他们不利的。春天来了，田地里需要雪融化下来的水，可是雪在沟壑里面。

现在集体农庄的庄员们决定来干涉风抢劫田地的行为。至于他们怎样去做，你已经在这部书里读过了：他们在风的来路上放一捆捆的稻草和枯树枝做成盾牌。风还是想催促雪花在田野上快跑，但是不成——稻草和枯树枝把它挡住了。

最好的就是那些在树林里找到避难所的雪花。那里，树木不让风通过，不让它溜达。那里，谁也不去打扰雪花的安宁。森林里是安静的。除非是森林里的野兽跑过去，在雪地上留下它们的脚印。

在森林中，毛茸茸的、松软的雪越积越高。在田野里，雪不过才齐膝盖深。可是在森林里，如果不穿着雪靴去走路，就会陷到齐腰那么深。可是即使是在森林里，雪花也是不会永远安宁的，不是永远可以保持它那装束的。那又是为什么呢？你要知道这个，且等到春天吧。

春天怎样跟冬天作战

雪已经下了好几场。暴风好像一个热心的清道工人

271

似的，屡次把它扫到低凹的地方，扫到沟壑里去。太阳越升越高，每天在地面上停留的时间越来越长了。道路已经露出了本来面目：雪早已离开它了。田野里的雪仍旧坚持着。它坚决地打退了太阳光线的袭击，像镜子一样把它反射回去。所以看着它，眼睛会发痛。

这时候，从南方跑来了太阳的盟友——风，来给太阳帮忙了，风从那已经是夏天的地区把温暖带来。

太阳跟风一块儿来作战。太阳用光线来打击雪，风用热气来袭击雪。雪支持不住，开始投降了。

雪起初只是在空旷的地方融化，在田野里融化。那儿的太阳和风都是自由自在的。然而它们很难冲过低地、沟壑和渠道。雪在那儿好像在堡垒里一样。

旁边的田野里，草已经变绿了，可是在沟壑里，不论在什么地方，雪还在坚持着。它自己也变得不像样子了。

人们常说："白得像雪一样。"但是这雪早已不是白色的了。它在自己长长的一生里面，上面已经盖上一层又粗又硬的外壳。这层外壳已经染上污泥变成了灰色。很难叫人相信，这又老又脏的雪本来是一些洁白漂亮的花朵和星星。

它威胁着春天，不愿意承认日历，要老是在这世界上生存下去。

第三个盟友——温暖的春雨来帮助太阳和风了。

雨点儿凿穿了雪的铠甲。雪变成有孔的，上面尽是窟窿。在雪的硬壳下面，水沿着沟壑的底跑着。雪的铠甲还在上面支撑着，但已经没有什么可以保护的了——在它的底下，已经不是雪，而是水。铠甲也很快就完了：它碎裂开来，融化了。

又老又脏的雪变成了年轻、愉快的小溪，一路唱着歌。

雪花是漂亮的。但是映衬着春天的天空的明澈的春水，不也是足够漂亮的吗？

雪在森林里坚持得最久。那儿耸立着高高的松树和云杉，像堡垒的墙壁一样替雪挡住了风，连太阳光线也很难通过树枝，通过针叶钻进来。但是在森林里，雪也不得不投降——起初是在空旷一些的地方，后来是在密林里。虽然粗树干不让阳光透过，

又老又脏的雪变成了年轻、愉快的小溪，一路唱着歌。

273

但是太阳还是透了过去——不是用光，而是用热。

它从早到晚晒着树干，一会儿从这一面，一会儿从那一面。树干越来越暖和。树干周围的雪也不得不更快地融化。

太阳替森林里的每一棵树都画上了一个黑圆圈。太阳、风和雨，就这样从各处——从低地，从沟壑，从密林驱逐着雪。雪这个懒汉终于睡醒了，它沿着犁沟，沿着川渠，沿着沟壑，

太阳替森林里的每一棵树都画上了一个黑圆圈。

沿着干涸的山涧跑到河里去。

河水历险记

小河把冰打开，溢了出来。它变得不知道有多宽了。一堆堆白色的冰块沿着河流走去。假如在岸上什么地方给卡住了，另外的冰块便来撞它。一堆冰块撞击另外一堆冰块，撞得团团乱转或者翻转过来。

冰块上还看得见冰橇滑木的痕迹，那是冬天用冰橇

渡河留下来的。看起来，仿佛是道路的碎块在浮动着。

冰块从河里流到江里，江把它们带到海里去。冰块在路上融化着。江河从冰块里解放出来了。冰流完了，河流只得重新回到两岸中间去。

水沿着河道流到海里去的路可不近。而水一路上还有什么事情不做的啊！它冲刷着河岸，它旋磨着石块，它夹带着泥沙，用泥沙筑成小岛和浅滩，但是人们不让河流胡作非为。

为了不使浅滩妨碍轮船的航行，人们把挖泥船开到河里去。挖泥船是浮在水面的大机器，它会挖深河底，用几十个勺把淤泥和沙土掏出来。

为了不使流水的力量白白消耗掉，人们叫它把木材从森林里带到锯木厂里去，叫它拖拉运货的木船。人们又横过河流筑一道坝，在坝旁边造起发电站。

在河流上，我们有许多大大小小的水电站。有很大的水电站，可以把电流一下子输送给许多工厂、城市、集体农庄和铁路。也有一些很小的水电站，电流只够供给一个集体农庄用。

水流到海里以前，我们交给它许多任务。我们命令它沿着自来水管跑到我们家里。我们用它灌满机车上的锅炉，叫它变成蒸汽，拉动沉重的列车沿着铁轨飞驶。我们把它引导到工厂里去——引导到水槽和化学反应锅里去。我们把它灌到汽车的散热器里，去冷却发热的汽车发动机。我们叫它去冲洗我们的街道。我们叫它去灭火……

人们叫河流把木材从森林里带走，叫它拖拉运货的木船。

现在，那还是在冬天落到我们森林里的雪已经到了海里，而从海里走到大洋里的路是十分宽敞的。在大洋里，洋流把水带到遥远的南方，带到那太阳在中午直射头顶的地方。炎热的阳光叫水化成蒸汽。它于是重新走上旅途——这一次是在空中走。风把它从海洋带到陆地，于是它变成雨和冰雹，落到地面上。

冰雹准备怎样去做客

冰雹落到地面上来了，它沿着小路蹦跳，好像小皮球一样。

它是从哪儿落下来的呢?

从天上。

它怎样在天上长得这样大、这样重呢?它在那儿是搁在什么东西上面呢?让它自己来谈谈这件事情吧。不过要赶快去问它,要不它就融化了。

现在在树丛底下,滚来了几颗冰雹,应该拣那些比较圆的。快拿一把刀子过来!把冰雹切成两半。你看,它的外面是透明的,好像玻璃一样。而中央是白色的,好像瓷一样。当然这不是瓷。你知道瓷是不会融化的。这是雪。而玻璃也不是玻璃,是冰。

你看,冰雹就是这个样子的:它本身是雪做成的。它外面穿上了用冰制成的衣服。

这颗冰雹还不是最漂亮的,也有一些冰雹,一层一层穿三五件衣服。尽里面是透明的冰衣服,冰衣服外面是白色的、用雪做成的衣服,雪衣服外面又是冰衣服。它们在什么地方打扮得这么讲究,准备好到我们这儿来做客啊?

在它们家里,在天上。

冰雹的核心是一个白色细粒。这个细粒住在高空,住往雪云里。它动身往我们地面上来,路可真不近。天上有许多云，靠上边的是雪云，靠下边的是水云。冰雹跑到了水云里。水云送给它一件水衣服。水衣服冻结起来，变成冰衣服。

为什么在冰衣服外面是白色的雪衣服呢？因为它从水云里出来以后，并不立刻到我们这儿来，又重新升高到雪的王国里去。它就是在那儿得到雪的衣服的！

可是你知道它穿的衣服还不止两件，而是有许多件。可见它上上下下地走了好多次。它每一次上去或者下来，总穿上一件衣服，上去穿一件雪衣服，下来穿一件冰衣服。可是它用什么法子从下边走到上边去呢？你知道它是没有翅膀的啊。

是风把它抛到上边去的。如果没有风，谁还能够这样做呢？

现在你已经从冰雹的衣服知道它的历史了。它准备到我们这儿来做客，打扮的时间真不少。可是等它一到我们这儿，所有的衣服便

这就是下大雨和冰雹的时候云里发生的变化。箭头指示空气运动的方向。

立刻一件接着一件地融化了。但是即使是这样，冰雹也还是来得及告诉你，它曾经到过什么地方，看到了些什么东西。

你从它那儿知道，比水云高的地方还有雪云。

你先前以为，风只能够前后左右地刮。现在你知道了，除去对面刮过来或者侧面刮过来的风以外，还有从下往上像喷泉一样的风。它把冰雹抛到上面去，不让它落下来，一直等冰雹打扮好为止。

知道风和云是怎样的，对于那些在云里或者云上面飞行的人特别重要。

假使你将来也想去当飞行员，你就应该去学习关于水和空气的科学，这样你的飞机碰到大风暴的时候也不至于失事毁坏，飞进了很冷的云的时候也不至于让飞机外面覆上一层冰，使你能够勇敢而且有信心地沿着空中的道路驾驶你的飞机。

水滴故事的结尾

现在水滴重新从天上落到地面来了。

它渗透到土壤下面很深的地方，可是在那儿，大桦树的树根挡住了它。水滴从桦树根沿着树干到了叶子里，并且把树根从土壤里得到的盐带到那儿去，没有这些盐，一棵植物也活不了。

水滴到了桦树的绿叶子里，重新化成蒸汽飞到空中去。它在空中又变成了云。这样，水不止一次地从空中到地面，又从地面到空中。

一路上，它在集体农庄田地上灌溉谷物，在草地上灌溉牧草，它灌满了水池和水井，孩子们在水里面游泳，大人们在水上面划船。

你把它的经过全说一说吧！

水重新渗进土里，变成看不见的水流。在那儿它在黑暗里留了很久，一直等到它变成寒冷清澈的泉水重新流到有亮光的地方。泉水是小溪的源流，小溪流到河里，河流到江里，江把水引导到海里，水从海里到了大洋里，而风从大洋又把它带到陆地。

那么这个历史说到什么地方才完呢？事实是，这个历史是始终没完没了的。水一年又一年，一世纪又一世纪地来去旅行着——从大洋到陆地，又从陆地到大洋。我们知道了水的所有道路和所有脾气，就会更好地去驾驭它，不让它变成我们的敌人，而是变成我们的助手。

你知道，如果让水照它的意思去做，它会做出许多坏事情。春天，如果不用土堰来挡住它的路，它可以在春汛的时候淹没城市。如果桥梁建筑得不结实，它可以把桥梁冲走。

每次流水对桥梁都是考验。水很容易把坏的桥梁立足的基础和木桩冲坏。如果桥梁钩住一些树丛，那还算好，水便会沿着小树干分散了。如果桥梁是按照一切规定，根据最高水位来设计修筑的，那情形就完全不同了。不管什么春汛它都不会害怕。

可见，即使你是工程师，如果没有读懂大自然的文字，没有水、土地、空气、雪、云的说明文字，也是不行的。

六　关于草原

谁是草原上的主人

有一次，泥土、水和风争吵起来：谁是草原上的主人啊？

泥土说："我是这儿的主人。如果没有我，草原上连一根草、一枝麦穗也不会生出来。难怪人们尊称我'妈妈'。你朝四周看看：一直伸展到天边的，哪儿不是泥土啊。"

水听了以后，嚷了起来，用暴雨来攻击泥土。

"不对，"水说，"草原上数我重要。难道你，泥土，离了我还能长出一枝麦穗来吗？大伙儿——草、野兽、人都需要我。什么地方没有我，那儿就没有生命。你，泥土，我想怎样摆布就怎样摆布。我生起气来——把你带到海里去！"

水说完了这个，便造成小河来流过田野。它开始在草原上挖掘沟壑，把泥土从田野里冲走。水顺着沟壑奔流，夹带着泥土流到河里，从河里又流到海里，那从前是黑色沃土的地方，现在剩下了一些瘠土和沙。

"你瞧，"水说，"我是多么强大啊！我想把所有的泥土从田野里冲走。草原上的一切都属于我。"

风听了便使劲地刮起来。它说："让我来告诉你，谁是这儿的主人。我白天黑夜地在草原上奔跑——一会儿从南往北，一会儿从东往西。我的力量又有这么大，可以连泥土和水都扬起来，带到天上去。"

风说完了便在地面上飞跑。这时候泥土还是潮湿的，在下过暴雨以后，到处有水洼发着闪光。

风把所有的水洼吹干，把水从地上带走。水上升到天空，变成一团团的云。云向四面散开，不见了，而土地已经完全变干了。应该来灌溉黑麦和小麦的幼苗，可是现在没有什么可以用来灌溉的，水给风全带走了。

然而风还狂怒着，想把泥土一块儿带走。黑麦和小麦用根把泥土钩住，不让风吹去，但是泥土还是留不住，你知道它已经变干了，变得像灰尘似的。风从麦根底下把泥土刮走，把它带到天上去变成乌云似的。黑风暴弄得天昏地暗，甚至连太阳也瞧不见。

风玩弄着泥土，到头来又把它扔掉，可不是把它扔回原来的地方，而是扔到完全另外一个地方。泥土落到田地上，把田地上的一些幼苗都给活埋了。你瞧风的行为多恶劣：在一个地方一点儿泥土也不给黑麦和小麦留下，而在另外一个地方又把它们给埋掉。

到了收割谷物的时候，可是什么可以收割的东西都没有。谷物让黑风暴给毁掉了。人们重新来播种。到了秋天，幼苗长高起来。整片土地给冬麦变得绿油油的。冬天来了，水变成雪，用那洁白的绒毛被子把幼苗覆盖起来。

水说："我不欺负庄稼。冬天我用雪来保护它不受严寒的侵袭。到了春天重新把雪化成水，来充分灌溉麦穗。"

风听了，便沿着田野跑，把雪被子从地面掀开，把洁白的绒毛吹散，吹得它在地面上奔跑。周围的一切都让雪的绒毛给弄白了。风玩弄着雪，把它堆积在沟壑里。幼苗没有了雪被子，开始感觉寒冷起来。而风又从北方

284

带来寒气，几乎把冬麦冻死。

　　谢天谢地，这时候春天来了。太阳把田野变得暖和起来，冬黑麦和冬小麦开始在田野里复活并且生长起来。现在它们该可以尽情地来喝水了，可是它们又好像是到了一个不公平的酒宴上：

　　　　顺着胡子往下流，

　　　　却一点儿也喝不到嘴。

　　你知道，还是在冬天，风已经把雪带到沟壑里去了。雪化成水，顺着沟壑流到河里。水到不了田野里。然而河流喝得酩酊大醉，像醉汉似的乱闯起来：冲毁了桥梁，冲决了堤坝，在乡村和城市里游荡。

　　水淹没了低洼的地方。房屋齐着窗子浸在水里。树木好像是生长在水里似的。可是田野里比较高的地方，土地却干得像火药一样，并且这时候风还从沙漠里把热气带来。

　　麦穗开始枯萎了。你看看田野——上面是一片干枯的荒草。麦穗里的麦粒非常稀少，而且是那样地瘦小。然而风一点儿也不管这些，它把麦穗摇荡着——麦粒都洒落下来，又到了收割的时候，可仍旧没收获到粮食。

人们开始在想，自己怎样才能够变成酒宴上的主人。他们说："我们耕地和播种。可是风这个懒汉把泥土和水偷走了。好，我们来管教管教它。"人们决定叫森林来帮忙。

森林一向是人们的朋友。它供给人们建筑用的木材和烧火用的木柴。用木材可以造小船和摇荡孩子的摇篮。而孩子们长大以后，仍旧可以到森林里去要礼物，去捡蘑菇和浆果。

森林忠实诚恳地替人们服务。最主要的是森林会镇压风和水。每当风碰上森林的边缘，开始穿过树叶和树枝的时候，森林的翅膀便把它挡住了。

森林带防护着田野不受风的侵袭。

在草原上，风吹得你站不住脚，可是在森林里平静得像没有风似的，只有一些树梢在喧噪和摇摆着。

森林也可以用它自己的方式去镇压水。春天，它不让积雪很快融化掉跑到河里去。每株树干都可以给雪遮住太阳。太阳先把树干晒热，然后才把周围的雪烘热。

而当雪融化后在地面上跑的时候，森林便对它说：
"站住！"

森林里，在树底下铺着像毛毡一样的用树叶和松针做成的褥子。褥子好像海绵似的吮吸着雪融下来的水，在它到河里去的路上就把它喝光。

水不再很快地顺着斜坡向下跑，而是流到地底下，流到树根那儿。整个夏天，地下水灌溉着森林里的树木，供给着从森林里流出来的泉水，而泉水又供给着河流。所以在森林的边缘，即使在最热的时候，河流也不会变浅。

人们知道了这一切，便决定："我们要唤森林来帮忙。我们要在草原上的风的道路上，用橡树、槭树、松树来建造很大的屏风。我们要沿着沟壑，沿着河流布置好一排排的矮树丛和树木。我们要把沟壑拦断，使那融雪的水不能够离开我们跑到海里去。"

人们就这样地做了。

现在，风又试着像以前似的到草原上来抢夺东西：在这儿它曾经把泥土从麦根底下刮走，在这儿它曾经把麦穗连根烧光，在这儿它把麦粒从麦穗上打下来，乱扔在地上。

风只是飞奔着，可是在它的路上却有了关卡，并且是用结实、强大的橡树做成的关卡啊！风勉强冲过第一道关卡，可是它后面还有第二道、第三道、第四道……风闹得筋疲力尽，静息下来了。

它说："你等着吧！我还要回来的。不让我用热气来把谷物毁掉，那么我就用严寒来消灭它。"

冬天到了，风重新试着袭击田野，但是不像先前似的从东方来袭击，而是从南方来袭击。它想从田野里把雪的被子揭开，可是只能够拍打着那森林墙壁的前额。

你知道，人不是从一面，而是从四面八方用森林的墙壁把田野围起来的。

风投降了。它说："人们用智谋战胜了我。"而人不但用智谋战胜了风，而且连水也战胜了。

水想从田野里跑开，并且从田野里把泥土带走，但是已经不成了。在水的道路上有防护林带。森林里的毛毡挡住了水，不放它出去。

水试着在泥土里把沟壑挖得更深，但是这时候它什么也得不到。人们已经沿着沟壑栽种了树木和矮树丛。树木和矮树丛用根抓住泥土，不让水把它带走。

"好，"水说，"我从沟壑流到河里去，从河里流到海里去，你们只有看着我跑。"

然而人们把沟壑拦断，不让水到海里去。水在沟壑里漫溢开来变成静静的池塘。于是人们说："水呀，不要偷懒，去工作吧！顺着沟渠流往菜园和白菜、黄瓜的地里去吧！"人们也叫风去工作：吹动风车的翅膀，用水车去戽水。

人们保卫泥土战胜了它的所有敌人，泥土妈妈就供给人们更多的粮食，比以前的丰年还要多一倍。泥土、水、风都不得不承认草原上的主人是人。好，既然他是主人，就应当服从他，并且忠实诚恳地去替他服务。

你问："人们栽培森林，巩固沟壑，镇压河流，驯服风暴，这都是在哪儿啊？"

这就是在苏联的草原上。

你问："这些跟水、风、旱灾和大风雪作战的强大的人们在什么地方呢？"

这就是苏维埃人，苏联的工人和集体农民，老年人和青年，成年人和孩子。就是他们，现在正依照伟大的斯大林计划，根据科学的指导，改造那一望无际的草原地区。就是他们，正在创造那延伸好几千公里长的强大防护林带，那围绕着每个集体农庄田野的绿色地带。

也许连你也是这支大军的小战士。也许你也帮助大人们采集种子，栽种树木，保护它不受杂草的危害。好，到那时候，你也用不着再问这些事情了。你自己就是那些征服泥土、水、风的人们中的一个。

老科学家和凶恶的旱风的故事

从前，还是在你的祖父比你现在年轻的时候，在俄国有一位伟大的科学家。他看样子已经很老了，因为他有一大把花白的胡须，但是他腰板挺直，目光还很有神气。这一双眼睛，别人看不见的东西他都能够看得见。

这一位科学家在俄国走了好几千公里，去研究它的森林、草原和山脉。

他到草原上去得特别勤。你知道什么是草原吗？那儿看不到树木。那儿到处看到的，不是草地便是田地里的谷物。

夏天，这一位科学家在干燥、多刺的草上一边走，一边想："为什么春天这儿的水嫌多，而现在，当最需要水的时候，水反倒不够用了呢？"

春天，沿着田野和沟壑，快乐的小川到处跑着。雪刚刚离开，草原便给花朵盖满了。花朵一种接着一种地开，草原上有时候是淡紫色的，有时候是浅蓝色的，有时候又是红色的。

可是，到了夏天，它变成难看的褐色，这是因为草给热气炙焦了。田地里的麦穗枯萎了，它们什么也喝不到。这时候，还从沙漠里来了凶恶的旱风。它用自己的呼吸烧光了田地里的谷物，强迫树丛上的树叶卷成小卷筒。这就造成了饥荒。你知道，草原是用自己的谷物养活好多好多人的。

这就是这位科学家在草原上走的时候心里想着的事情。他热爱自己的祖国，希望把它从旱灾、从饥荒里拯救出来。但是，这就首先应该去了解，旱灾是从哪儿来的，并且怎样去战胜它。

科学家去问村子里的老汉："草原上一向是现在这个样子吗？"

他们回答说："一向是这样。在我们的祖父和曾祖父的时候，就是这样子。"

老科学家摇摇头。

"不对，"他想，"过去总有一天并不是这样子。世界上的一切都在变，草原上总有一个时候是另外的样子的。"

那么它在那个时候是什么样子呢？

要了解这个，就应当去学会能够在年代上面倒走回去的本领，在年代上面走不比在地面上走得差的本领。科学家并不是童话里的魔术家。他懂得，沿着时间的道路走回去一千年，比在地面走一千公里要难得多，但是这对于科学是很需要的。科学家决心要学会这件事情。

他观察草原上的一切东西——鸟兽和花草、沟壑和河流，他留意老早以前被旱獭抛弃了并且被泥土填满了的小洞穴。他仔细考察那远远地伸展出去的丘陵。

科学家懂得了：在草原中的有绿色的丘陵突起的地方，就是好几千年以前的草原。当古代草原上的居民埋葬他们的首领的时候，便在坟墓上垒起高高的土丘，为的是在老远就可以注意到它，可是森林里并没有丘陵。他们何必要在那儿堆起土丘来呢？你知道，从树林外边反正是看不到它们的。

草原上的啮齿类动物遗留在地底下的巢穴，在科学家看来也是一个标志，说明古代这儿曾经是草原。他心里想："草原并不总是到处光秃秃没有树木的。你知道，人们在地底下很深的地方找到了鹿角和又长又弯的猛犸

的牙齿。鹿喜爱那生长着森
林的地方。而长得跟大象相
似，只是躯干特别大的多毛
的猛犸，也不住在空旷的草
原上。"

在这个草原上，从前住过多毛的猛犸。

"可见，在草原上还没
堆起土丘以前，那儿曾经生长过很大的森林。这些森林
直到现在还留存下来一些——好像草海当中的森林岛屿
一样。"

科学家沿着草原上一条叫作"无水河"的河流漫步，
那河岸又高又陡，他觉得十分惊奇：看起来下面的河水
并不很宽，它像一条窄带子似的往下流去，可是它在草
原上却给自己冲出一条多么宽而且深的道路——两岸中
间隔得多么远啊！河谷对于这条无水河来说，简直像一
件过于宽大的阔肩膀衣服。

科学家弯下腰在河岸上拾起一颗像用剩下来的一小
块肥皂一样又圆又滑的小石子。是谁把它洗干净，把它
磨圆的呢？当然，是河流，再也不会是别人。但是你知
道河流是在下面很深的地方流着的。这颗小石子，还有
许多别的同样的小石子，是怎样到这么高的河岸上来

的呢？

很显然，当初河里的水面比现在要高得多。

这是很久以前的事了——比人们给河起名字的时候还早。难道人们会把又深又满的河流叫作"无水河"吗？

草原上，在这条无水河附近，有许多跟它相像的姊妹们：干涸的奥尔日查河，干涸的里披卡河，干涸的高尔特瓦河，叫它们"干涸的"，就是因为它们在夏天干涸了。

这样，河流的名字，丘陵，泥土填满的巢穴，猛犸的牙齿，河岸上的小石子，还有许许多多他了解的别的标志，都告诉他，从前草原是什么样子。他的眼睛会看那些别人不注意的东西。所以他才能够沿着时代的道路去散步，差不多像在地面上散步一样地好。

那么，当他顺着世纪往回走——走到过去的时代，他看到些什么东西呢？

他看到草原从前完全是另外一个样子。茂密的森林在广阔的土地上耸立着，可是现在在那里连一棵小树都当作稀罕的东西。河流里的水是满满的。在那没有被开垦的、原始的草原上，泥土上面有一层腐草，像密密的毛毡似的遮盖着。每年春天，新的绿茎便通过这层毛毡穿了上来。

那时候，草原不怕干渴。两条河流之间的高地上的森林不让雪很快地融化，流到河里去。融雪的水慢慢地渗到土壤里去。密密的腐草的毛毡像海绵一样，把水吸去，保存到夏天。因此，草原上的草长得齐人胸口高，但是人们不断地把森林砍伐掉。这样就没有什么再来保护雪不受炎热的太阳光的照射了。

人们开垦了草原，泥土上面再也没有草的毛毡遮盖了。

雪很快地融化，很快地奔流到河里去。在河里，水也并不停留，继续流往那并不缺水的海里去。

小川快活地奔跑着，但是这样一来，人却变得不快活了。小川里面流的不仅是水，而且夹带着泥土，夹带着土块和泥粒。

小川不是偷偷摸摸地行窃，而是明目张胆地掠夺，掠夺了土壤，用它来淤塞住河流。河流又尽量把它冲到海里去。

这对于海草当然是有利的事情。可是对于生长在土地上的草和麦穗说来，却糟得很——给它们留下来的食物更少了。

快乐的小川给自己开辟了一条小沟，这些小沟逐渐变成深深的沟壑。

小川顺着沟渠跑，并且使沟渠越来越深，给自己开辟了一条河床。你瞧，沟渠变成了深坑，深坑又变成了沟壑。沟壑越来越深，它的边缘越来越圆。整个夏天，沟壑把水从田地里吸走，而水即使不被吸走，本来也不够黑麦和小麦用的。

这就是科学家顺着时代的道路往回走，走到过去看到的事情。

科学家不但能够走到过去，也能够走到未来。他相信，人们变成土地上聪明的主人的时代正在到来。

人们了解，草原上的森林是他们的朋友，旱风是他们的敌人。可见，为了不让旱风经过田野，就应当在半路上用森林的墙壁来挡住它。在草原上还有森林的地方，应该不要把森林砍伐掉，而在没有森林的地方，应该把森林栽种起来。

旱风从沙漠里来了，可是它前面是用橡树、槭树、松树筑成的葱绿、茂密的墙壁。而且墙壁并不薄，很厚，有许多米厚。旱风想要穿过墙壁去。墙壁用它所有的树枝喧闹起来，把气流分成小小的细流。

森林里永远是多荫、凉爽、潮湿的。可见，热风来到森林的时候，就会在那儿冷却下来，使它不要这样干燥和炎热。森林的墙壁就这样保卫住田野，挡住了它的敌人——旱风。

春天，森林会把雪水保存起来，免得它给一下子浪费掉，使得到了夏天有足够的水使用，但是这还不够。为了使草原不遭受旱灾，应该用堤坝把沟壑拦起来：不让它把水从土地里吸走，让它把水给土地保存好。于是，沟壑里出现了一些池塘。从池塘里可以把水供给田地，供给菜园，供给生长西瓜和甜瓜的瓜地。

这就是科学家在草原上走的时候，心里想到的事情。

应该告诉你，恰恰在这时候——六十年前——在俄国发生了从来没有过的大旱灾。草原上的谷物全被烧焦了。农民们一点儿吃的都没有。人们用开水把一种叫作藜的野草煮熟，得出一些像泥浆似的东西。然后倒一点点面粉到这个泥浆里去。你知道每一小撮面粉都是十分宝贵的——就是这点儿面粉也快要吃光了。人们还把泥土和灰尘添进面糊里去，这样可以多得到一些面糊，用来烤面包。

你吃了这样的面包，非呕吐不可，甚至于鸡吃了也会死掉。人们吃了野草做成的面包以后，便会病死。

老科学家不忍看着人民受苦，不忍看那些成群结队、背井离乡往城里去的疲惫、饥饿的人们，他们在窗口底下向人乞求："给灾民一点儿吃的吧！"

老科学家心里明白，要使饥荒不再发生，应该去做些什么。他把这件事情写成了一本书，叫作《我们草原的过去和现在》。在这本书里，他说明草原过去是什么样子，它现在变成了什么样子，并且应该变成什么样子。

当时，你知道俄国还有沙皇。许多土地都是属于地主们所有的。每个地主都随自己的意思管理土地。当他们需要钱用的时候，便在自己的领地上把森林砍伐下来卖掉。谁也干涉不了他们。

人们在土地上，一年接着一年地种谷物，但是这对土地是有害的。人们不让田地休息，耕完了又耕，一直到土壤里的团粒都变成了土粉。土壤里的团粒并不是没有好处的，它们非常需要团粒保存着水分。在成团粒的土壤里，那些把枯死的茎和根变成植物养料的微生物——细菌，能够更好更快地进行工作。

为了使土壤里有团粒，有的时候应该在田地里播种多年生草来代替谷物。田地在草底下重新变成草原。你瞧，土壤复原了，又变成了团粒，这时候又可以播种谷物了。但是，这对地主并没有好处。对他们最有利的事情就是年年播种谷物和收获粮食。

当时的农民是没有文化的，他们不知道什么关于土地、关于土壤的科学。而且即使他们知道了，在他们那用祖传的木犁耕作的一小块可怜的土地上，又能够做出些什么来呢！

他们脑子里只有一样，怎样才能够不饿死。

老科学家在他的书里写着，坏主人并不会把国家引向幸福。他提醒人们，没有科学，你就不能够避免饥荒。他对地主们说："只顾本身的利益，去反对科学，反对全体人民需要的事物，这就是犯罪。"

过后，没有人再去注意老科学家的忠告。可是可怕的饥荒真的又来了。沙皇的官员们惊慌起来了。他们把伏尔加河和顿河之间的一块草原给老科学家去试验。这个地方叫作"石头草原"。当时，旱风是到那儿去得特别勤的客人。

老科学家搬到石头草原上的一间农家草屋里去住。这间小屋现在还是完整的。

草原上的工作开始了。人们在老科学家指定的地方栽种翅树木，在沟壑里建造水池。树木栽种得像带子一样，而槽子之间仍旧是块四四方方的田地。但是事情刚一开头，便给破坏了。在沙皇俄国，有一些官员专管田地，另外有一些官员专管森林。他们的意见无论怎么也

石头草原上的草屋，老科学家从前就住在里面。

不一致。

老科学家向他们解释："我需要森林带是为了保护田地不受旱风的侵袭。请你们给我钱来做试验，好在那石头草原上的森林带之间去开垦土地，播种谷物。"

但是有些官员说："田地跟我们不相干。我们只管森林。"

而另外一些官员也一点儿听不进去，他们说："森林跟我们不相干。我们只管田地。"

一年一年地过去了，官员之间的意见还是不一致。老科学家病了——一方面因为苦闷，一方面也因为在维护他所热爱的事业上操劳过度的缘故。老科学家逝世后，他的事业便完全荒废下来了。

可见，老科学家说的人们将来会改造草原的事情是错的。

不，他没有说错。他正确地预言了未来。那对于他说是未来的事情，对于我们来说就是现在的实事。

在石头草原上，一切都已经不像当时那样子了。假如从飞机上看，那暗绿色的森林墙壁和它们之间的四四方方的田地，便立刻会映进眼帘。

那从前像创口一样张开的沟壑，现在已经是浓密的树丛和树木笼罩的水池了。水池里的鹅在成群地游着。那从前是褐色的被太阳晒焦了的草地，现在已经是高高的结着穗的优良品种的小麦，或者是成千株把头朝着太阳转动的金黄色的向日葵。黄色的田地间隔着绿色的方方的草地。

这儿的一切都是依着科学的指导来做的。旱风已经不许再往这儿来了。在最干燥的夏天，这儿的田地、瓜地、菜园也供给人们许多小麦、黑麦、西瓜、甜瓜和黄瓜。

如果你坐着飞机继续在草原上飞行，你会在许多许多地方看到那防护田地不受旱风侵袭的森林带，但这只不过是一项伟大工作的开始。再经过十年十五年，你自己也已经要在工厂里或者田野里工作了。你也许要做一个农学家——田地上的工程师——或者做一个森林学家。

你要跟千百万集体农民和工人，跟成千上万的农学家和森林学家在一起，依照着伟大的计划，去完成改造草原的工作。

在苏联共产党的领导下，苏联的全体人民正用极大的热情来执行斯大林同志规划出来的这个计划。

让我们尽自己的力量去想象一下，苏联南部在经过改造以后成了什么样子。我们想象在离地面很高的地方，看一下那广大的河山。

在我们脚底下，有许多红宝石的五角星在闪着亮光。这些有五角星的地方，就是克里姆林宫，就是莫斯科。

黑海在远远的南方发着碧蓝色。从黑海差不多一直到莫斯科，从乌拉尔河到多瑙河，所有的土地都给带子划分成方格子，带子就是替田地防御旱风的森林带。

远望见另外一些更阔的森林墙壁。它们伸展出去好几百公里长。每堵墙壁都是好几条森林带。这种有好多排的、强大的森林墙壁一共有八道，矗立在草原中间，阻断了旱风的道路，保卫田地和河流不受旱灾的侵袭。

大河——伏尔加河、顿河、德涅泊河——都给堤坝隔断着。许多条灌溉渠从很大的人造水库延伸到草原上。

当所有这一切，在你的时代并且在你的帮助之下建造完成的时候，你大概还记得那曾经在草原上走并且想怎样去改造它的老科学家的名字——道库恰耶夫。

这样伟大的改造自然的事业，像现在苏联人民依照斯大林计划在进行的，道库恰耶夫却也不可能想象得出。

七　我们街道上的节日景象

我们街道上的节日景象

在家里一到了节日，立刻就看得出来。房间收拾得特别干净：即使用放大镜来看，也找不到有什么地方还有灰尘。为了桌子旁边可以坐更多的人，桌面也给拉开了。桌布白得耀眼。厨房里传来一阵阵香味，引得人要流口水。

大家都穿着节日的衣裳。你的手整天那样干净，甚至于连你自己也觉得奇怪。你一身全是新的，也觉得不很方便，但是为了隆重的节日，你甘愿忍耐着。

时间比往常过得慢。你不去做平常的游戏——你知道在今天椅子不许随便挪动，玩具不许乱扔，小刀和纸也应该让它们休息休息。

在等待客人的时候，你没有什么别的事情可以做，就一本正经地坐在沙发上，拿一本小书来看，或者听无线电，或者往窗外张望。如果有什么事情要你到商店或者邻居那里去一趟，你总是高高兴兴地去了。

后来，等客人们都到来的时候，你是多么愉快啊！

我们家里常常有节日，比方说有谁过生日。但是有一些节日，不但是我们一家的节日，不但是我们一个宅子里的节日，而且是家家户户、所有大街小巷都在庆祝的节日，也不但是我们这里的大街小巷，而是所有的城市，是全国都在庆祝的节日。

在"五一"节或者十月革命节前好几天，城市里就开始装饰和布置起来，到处都悬挂着旗子。窗子上拉着许多幅写着大字的红布。墙上钉着用绿树枝做边框的画像。电灯工人用电灯组成了文字。

到了节日这一天，成千上万盏各色的电灯亮起来，有的在墙壁上或者屋顶上一明一灭地闪着光。电灯组成的轮子在屋顶上面旋转着。一连串的电灯像火蛇似的沿着墙壁从屋顶伸到地面，到处都看到光辉灿烂的大字。

在"五一"节的时候，到处都有这么些大字一个接着一个亮起来，组成了一句话："'五一'节万岁！"而在十月革命节，在苏维埃国家的生日，却要亮起一些数目字。从这些数目字，你可以知道我们的国家有多大岁数了。

你怀着焦急的心情去翻日历：那望眼欲穿的日子真的快到了！节日的前夕，你时常抬头望望天，就像飞行员快要出发去做远程飞行似的。天气会怎么样啊？如果明天是个好天气，父亲要带着你去游行。

现在这个"明天"变成"今天"了。

你悄悄地爬起床来，掀开窗帘。真好，天上一点儿云也没有。街上完全看不到汽车，听不到汽车喇叭声。城市里是这样寂静，只是从远处传来悠扬悦耳的乐声。人们不但像平常一样在人行道上走，而且也在街心上走。小摊子东一摊西一摊地摆着。穿白衣服的女售货员摆开了糖果箱子、苹果筐、饼干箱子。

你匆忙地穿好衣服，梳洗好了，几分钟以后你已经一切准备停当了。最后，你的愿望实现了——你跟父亲排在队伍的第一列游行。你已经知道队伍是什么意思——就是排整齐了步行前进的一队人。跟你们一块儿游行的有你父亲的同事。你左手握着父亲的手，右手拿着一根小红棍，棍头上有一架银色的小飞机。

在你们的前面是乐队。你不是常常能够走得这么近去看他们的亮晶晶的铜喇叭的，那些喇叭有直的，有卷曲的，有大的，有小的。有一些乐器发着愉快、响亮的声音，而别的用沙哑的低音来和它。大鼓咚咚地敲得比什么都响。它的身材是这样粗大，它的声音又是这样低沉、严肃，仿佛它自以为是管弦乐队里的主要乐器似的。

你极力想跟父亲一起，步子随着音乐的节拍走，但是这并不容易，你知道你父亲的腿比你的长得多。

你走累了的时候，父亲便让你坐在他的肩膀上。这时候你高高在上，望着远方，好像一下子变成了一个巨人，长过

你走累了的时候，父亲便让你坐在他的肩膀上。

了身材最高的人。你随便往哪一面看，到处是旗子、画像、标语牌。你立刻找到了列宁和斯大林的画像。

你已经不是小孩子，快要做少年先锋队队员了。你很明白列宁和斯大林是苏联人民和全世界劳动人民的领袖和导师。你看到和斯大林画像并列的是他那最亲近的

助手——苏联共产党领导者们的画像。

你的父亲也是共产党员。他说，共产党员应当永远站在工作的前列，一切都可以做大家的模范。因为你父亲的工作成绩很好，在克里姆林宫里颁发给你父亲一个盛着勋章的红盒子。人们唤你到跟前去看勋章，甚至于让你去摸摸它。勋章又美丽又光彩，上面雕着列宁像和红旗。

你今天在周围看到了多少面旗子啊！在你队伍的前面也有人举着旗子在行进着。工人们不但高举着旗子，也举着标语牌，举着在他们工厂里制造的产品的模型：飞机、汽车、机车、机床。所有这些模型都是用胶合板做成的，但是跟真的一模一样。

那边，你看到汽车上装载着一只大皮靴。在这只大皮靴里，不但是你，连一个大人都可以装得下去。和汽车并排走着的是制鞋工厂的工人们。跟在他们后面行进的是印刷书籍的印刷厂里来的工人队伍。他们扛着一本大书，封面上的一个个字比你的身量还大。

电车司机和售票员推着一辆胶合板制的电车。这辆电车如果给你和你的妹妹玩，那你可以当司机，你的妹妹可以当售票员，你们院子里的孩子可以全都给叫来当乘客。

我们已经跟你谈了不止一个晚上，谈那用双手制造你周围一切东西的人们。我们谈到了森林学家、采矿工人、泥瓦工人、起重机工人、炼钢工人、磨粉工人、自来水工人、机械师、司炉工人、电灯工人、造纸工人、制革工人、纺织工人，谈到了他们怎样工作着。

就是他们在关心着，要使儿童们有一切需要的东西，从铅笔和练习簿起，到少年宫为止。在苏联，替儿童们建造了光线充足的很大的学校，建造了儿童剧场，建造了儿童图书馆，建造了儿童体育场，甚至还建造了儿童铁道，那里有真正的小机车、真正的车厢和真正的车站，在车站里戴红帽红领巾的站长们在指挥着一切。儿童们也应该做好工作来报答这种关心。我们这里大家都去劳动，孩子们也不应该不去劳动。学生的劳动就是学习……

今天的节日是全体劳动人民的节日。

你看，那边有一把大剪刀。那边走着的是替你做衣服的那个缝纫工厂的工人；在他们后面，面包工厂的工人举着一个红色的圆面包。这样的一个大面包可以让一百个人吃个饱。你天天吃的面包就是这个面包工厂烤出来的。

在苏联有多少工厂、煤矿、矿山、发电站、铁路啊！有多少人在那儿工作啊！每个人都有自己的工作，可是他们做的是一个共同的事业。

譬如说，采矿工人在地底下采得了矿石，交给炼铁工人。炼铁工人把矿石炼成铸铁，交给炼钢工人。炼钢工人把铸铁炼成钢，轧钢工人把钢压延成钢板、钢条、钢梁。铁路工人把钢继续运走——运给房屋建筑工人和机器制造工人。

于是，在什么地方的一个拖拉机工厂里，工人们用钢来制造拖拉机，把拖拉机送给乡村里的集体农庄的庄员们。在乡村里，拖拉机手耕了田地，田地上长起了谷物，谷物在面粉厂里被磨成粉，在面包工厂里烤出面包来……

在全国的各个角落，在各个城市和集体农庄里，人们是怎样进行协商，使得大家的工作能够协调，能够相互帮助呢？

如果人们住在一个乡村，他们很容易协商。大家在一起开会，把一些人——最优秀的工作者——选到村苏维埃里去。村苏维埃就来管理村子里的一切事务。

为了使城市里能够有秩序，工作能够协调地进行，人们选出了本区的苏维埃和全市的苏维埃。为了管理全国的工作，全国人民——不分城市居民和乡村居民——把自己选出来的人送到最高苏维埃里去。

人们选出来的是谁呢？是那些在工厂里或者集体农庄里工作很好、很努力的人，经常关心群众利益的人。你知道选出这些人就是为了要他们来关心全体人民的。

到了应该选举最高苏维埃的时候，被选出来的人——代表们——都来到了莫斯科。有些人坐火车来，有些人走水路坐轮船来。也有一些地方离轮船码头和火车站都很远，人们把飞机派到那儿去。于是飞机越过山脉和沙漠，越过森林和草原，把代表们送到莫斯科。

代表们在克里姆林宫、在华丽的大厅里开会。在苏联住着许多民族，有的住在北方，一年有许多个月戴着皮帽，穿着皮袄和皮靴。然而也有这样一些民族，他们在南方整年穿着绸衣服——因为那儿很热。

每个民族都把他们最优秀的人物送到最高苏维埃来，让他们在那里讨论一切的国家大事：国内的工作进行得好不好，新工厂、发电站、铁路、城市房屋、学校、图书馆建造得多不多。这里也提到像你一样的人：儿童们在学校里学习得好不好，书籍出版得多不多，练习簿、钢笔尖、铅笔制造得多不多。

谈完了这些以后，代表们便开始商量，怎样进一步去工作，要建造多少东西，在什么地方把河流用运河联结起来，在什么地方栽培森林，在什么地方用水来灌溉沙漠，使得沙漠变成田地和果园。

为了使国内有秩序，为了使人们工作更轻松，生活更美好，代表们都用主人的态度对一切做出了决议。

代表们不但要通过每年的计划，而且要通过今后五年的计划。你知道，有些很大的工作一年里面是做不完的。

当然，几百个人在苏维埃里开会，如果要他们在几天里面订出五年的计划，而且要不遗漏什么事情，要全国没有一个角落吃亏，那是很难的。计划是早就由有学识的人拟好了的，在这儿是要跟大家来商量——跟参加建设的人们商量，跟那在集体农庄的田地里工作最优秀的人们商量。所有这一切艰巨的工作都是以斯大林同志为首的共产党领导进行的。所以我们常常说：斯大林五年计划，斯大林五年计划。

苏联人民依照共同的计划工作，不但建设了新的房屋和工厂，而且也建设了新的美好的生活。

你现在应该好好地学习，好好地锻炼身体，好在这个伟大的建设中担当起自己的一份工作。

编者的话

本书选编过程中，首选了王学源老师的经典译本，在核对的同时，对部分词句进行了细微调整，并增加注释。

深深感谢王学源老师当年将这本既是科学读物，也是文艺作品的经典名著翻译完成，使得几代中国读者从中受益。本书联系版权过程中得到了很多朋友的热情帮助和大力支持，但虽经多方努力寻找，仍未能联系到译者。我们诚挚希望译作的版权所有人见到本书后与我们联系，经核实后，我们将按国家规定的标准及时支付稿酬并赠送样书。

联 系 人：韩　喆、邓　楠

联系电话：024-23284390

024-23284051